エンジニア入門シリーズ

—次世代リチウムイオン電池—

全固体電池の入門書

[著]

東京都立大学

金村 聖志

科学情報出版株式会社

はじめに

地球温暖化により異常気象の問題が顕在化している中で、二酸化炭素の発生を削減することが急務となっている。二酸化炭素の削減には化石燃料から自然エネルギー（再生可能エネルギー）への転換が必要である。また、内燃機関を用いた移動体に関しても電動化する必要がある。もちろんこの場合にも電気エネルギーは再生可能エネルギーでなければならない。すなわち、新しいエネルギー社会を構築することが求められる。未来のエネルギー社会を構築するためには高いエネルギー変換効率で電気エネルギーを貯蔵するエネルギーデバイスが必要である。蓄電池はこの目的に適合するエネルギーデバイスの一つである。蓄電池を用いて自然エネルギーを安定化することでより多くの自然エネルギーを導入できる。蓄電池を用いてモーター駆動で自動車を走行させれば二酸化炭素の排出はゼロになる。蓄電池は今後のエネルギー社会を考える上でキーテクノロジーとなっている。現在使用されている電池の中でこの目的に応用可能な電池はリチウムイオン電池である。リチウムイオン電池のエネルギー密度は従来の蓄電池の数倍あり、自然エネルギーの安定化用の定置用蓄電池や電気自動車用の蓄電池に適している。しかし、リチウムイオン電池もいくつかの問題を抱えている。その一つはエネルギー密度である。より高いエネルギー密度を有する蓄電池が今後のエネルギー社会には求めらる。蓄電池の安全性や寿命も重要な課題である。高いエネルギー密度、絶対的な安全性、超長寿命などの特性を可能とする電池として全固体電池が考えられている。電解質を固体にすることで、これまで使用できなかったリチウム金属負極などの高容量材料を使用できるようになる。固体であるため電池が何らかの原因で高温になったとしても発火することはない。固体は液体に比べて安定な材料系であり電池の長寿命化に貢献する。全固体電池はリチウムイオン電池の欠点をすべて解決できる電池系である。しかし、電池をすべて固体で作製するには、新しい電解質材料や電池の正極や負極を作製するための新しい技術が必要である。一方、リチウムイオン電池の場合には液体電解質を使用するためこのような問題はない。

本書では、革新電池の一つである全固体電池の意義について述べる。そして、全固体電池を作製するための方法、プロセス技術について解説する。ここで、取り扱う電解質系は硫化物系の固体電解質と酸化物系の固体電解質である。また、現実的なセル設計を考えたセラミックと高分子のコンポジットタイプの電解質についても述べる。これまでの研究で達成できている材料開発や電池の作製方法、今後解決するべき問題点などを中心に解説する。

目　　次

6．固体電解質

7．固体電池の作製方法

8．全固体電池の展望

9．蓄電池の今後の展開

1.

蓄電池を取り巻く環境

地球温暖化は人類の大きな問題となっている。いろいろな気候変動をもたらし、災害などの要因となっている。地球温暖化の要因となっている種々の化学物質が大気中に存在する。赤外線を吸収する化学物質であれば、地球温暖化の要因となる。例えば、二酸化炭素や水蒸気が挙げられる。地球温暖化に寄与するには大気中にそれなりに多量に存在していることが条件となる。水蒸気や二酸化炭素はその条件を満たしている気体である。もう一つの条件として大気中の濃度が上昇することが必要である。水蒸気の量も二酸化炭素の量も一時的には増加する可能性があるが、年のオーダーで大気中の濃度変動を考えると水蒸気と二酸化炭素では大きく異なる。水蒸気が大気中と海水などをサイクルする期間は10日から1ヶ月程度であり、年間を平均すると大気中での濃度増加は生じないと考えてよい。一方、二酸化炭素の場合にはそのサイクルは長く数千万年あるいは数億年とも考えられており、人類によって排出された二酸化炭素は大気中にすべて蓄積することになる。（人類の寿命を考えると）二酸化炭素が地球温暖化ガスと言われる所以はここにある。二酸化炭素の排出を抑制しなければ大気中の二酸化炭素濃度は上昇し続け地球温暖化が進行し、地球環境に大きな影響を及ぼすことになる。そのため二酸化炭素の削減は人類にとって最重要課題となっている。二酸化炭素削減のために種々の技術が考えられ提案されてきた。例えば、化石燃料の代わりに水素燃料を燃焼してエネルギーを得ることができれば排出物は水蒸気であり問題はない。そのため、水素エネルギーの利用に関する多くの研究が実施されている。水素エネルギー利用以外にも、化石燃料の燃焼により排出される二酸化炭素を地中や海中深くに蓄積する方法も有効な技術である。CCS（Carbon dioxide Capture and Storage）と呼ばれており、火力発電で排出される二酸化炭素のCCSも有効な手段である。もう一つの例は電気自動車である。電気自動車では蓄電池に電気を貯めてモーターを用いて走行するので、ほぼ二酸化炭素の排出はないと考えられている。また、ハイブリッド自動車なども車の燃費向上に大きく貢献するので、二酸化炭素の排出抑制に効果がある。いずれの場合も蓄電池が必要である。そのため、移動体分野では蓄電池の開発が年々重要な課題となっている。図1-1に蓄電池の歴史を示す。種々の電池が研究・

年	事柄
1791	電池の原理の発見（ガルバーニ、イタリア）
1800	ボルタ電池の発明（ボルタ、イタリア）
1859	鉛蓄電池の発明（ガストン・ブランテ、フランス）
1868	乾電池の原型の発明（ルクランシュ、フランス）
1885	国内での初の乾電池の開発（屋井先蔵、日本）
1899	ニッケル・カドミウム電池開発（ユングナー、スウェーデン）
1900	ニッケル・鉄電池開発（エジソン、アメリカ）
1955	水銀電池の生産開始
1960	アルカリ乾電池の生産開始
1961	ボタン型空気電池（空気亜鉛電池）の生産開始
1976	酸化銀電池・リチウム一次電池の生産開始
1977	アルカリボタン電池の生産開始
1986	空気亜鉛電池の生産開始
1990	ニッケル水素電池の生産開始
1991	リチウムイオン電池の生産開始 水銀不含マンガン乾電池の使用開始
1992	水銀不含アルカリ乾電池の使用開始
1995	水銀電池生産停止
1997	小型二次電池の回収開始
2002	ニッケル系一次電池の生産開始

〔図1-1〕電池の研究開発・生産の歴史

開発されてきた。電気自動車に搭載するためには高性能な蓄電池が必要である。鉛蓄電池やニッケルカドミウム電池も高性能な蓄電池であるが、電気自動車への応用にはそれらの性能は不十分であった。30年ほど前から新型蓄電池としてニッケル水素電池やリチウムイオン電池が開発され、電気自動車への応用が考えられるようになってきた。電気自動車の具現化の契機となったのがこれらの蓄電池の開発である。車両の電動化は世界的に大きな流れとなっており、これらの新型電池の実用化は重大な発見・発明である。蓄電池を使用した二酸化炭素削減技術として忘れてはならないのは自然エネルギーの利用である。太陽光発電や風力発電を使用した発電システムを用いて自然エネルギーを利用することで、二酸化炭素の削減をすることが注目されている。太陽光発電や風力発電を用いる自然エネルギーの電力系統網への導入には大きな問題がある。これらの自然エネルギーは天候や昼夜により発電量が大きく変動する。そのため、電力系統網に直接自然エネルギーを導入するには限界がある。発電しても使用されない電力が生じる。この電力を、蓄電池を介することにより平滑化することで無駄なく自然エネルギー由来の電力を利用することができる。鉛蓄電池などがこの用途に使用されてきたが、より高性能な電池を使用することで、より多くの自然エネルギーの導入が可能となる。この目的にもリチウムイオン電池が最近になり使用されるようになってきた。リチウムイオン電池が従来の電池と比較して圧倒的に高性能であるからである。

リチウムイオン電池の最大の特徴は、詳細は後述するが、その高いエネルギー密度にある。小さな体積の中に多くの電気エネルギーを蓄積できる点にある。しかし、問題点も残っている。また、新しい用途展開を考えるとより大きなエネルギーを蓄積できる蓄電池が求められている。本書では、高いエネルギー密度や高い安全性あるいは長い寿命を有する新型電池の一つである全固体電池に焦点を絞り、その基礎と作製方法を中心に記述する。

2.

電池の特性

2－1　エネルギー密度

蓄電池に蓄積できる電気エネルギーは、電池の容量（C, Ah）と電池の電圧（E, V）で決まる。電池の重量を W kg、電池の体積を V L とすると電池のエネルギー密度は

$$CE / W \ (\mathrm{Wh\ kg^{-1}})$$

$$CE / V \ (\mathrm{Wh\ L^{-1}})$$

となる。前者が重量エネルギー密度で後者が体積エネルギー密度である。電池の容量 C と電圧 E に比例して大きくなる。電池の容量は電池内部で使用する活物質の重量に依存する。リチウムイオン電池の構成を図 2-1 に示す。電池の反応は活物質と呼ばれる化学物質の酸化・還元反応により進む。充電可能な蓄電池の場合、充電時には正極活物質で酸化反

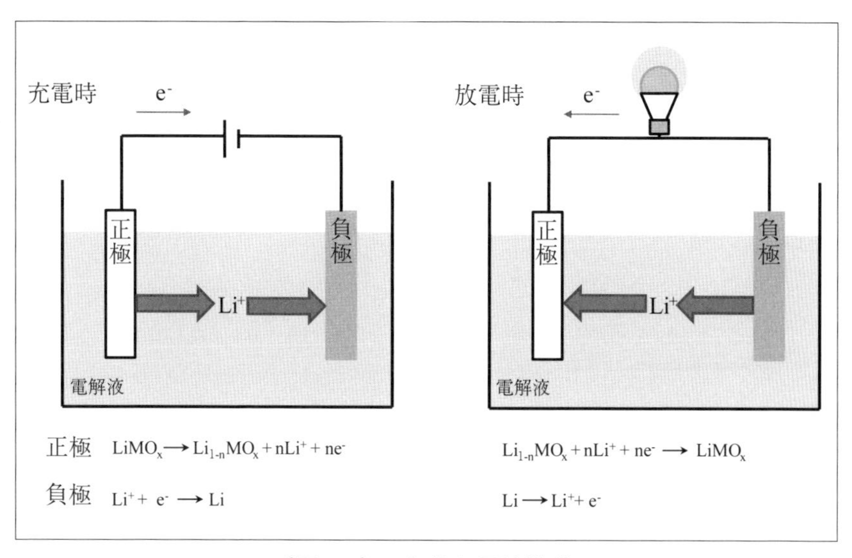

〔図 2-1〕一般的な電池構成

応が生じ、負極活物質では還元反応が生じる。正極活物質の酸化で生じた電子（酸化反応）が負極まで移動して負極活物質に付与される（還元反応）。放電時には正極では還元反応が、負極では酸化反応が生じる。リチウムイオン電池を例にしてエネルギー密度を計算してみる。正極活物質には $LiCoO_2$ が負極活物質には黒鉛（C）が用いられているとする。反応の様式は図 2-2 に示すように Li^+ イオンの挿入・脱離である。正極と負極の間に介在する電解質は Li^+ イオン伝導パスとして機能するため、最低限の量でよい。$LiCoO_2$ と黒鉛の反応は

$$LiCoO_2 \leftrightarrow xLi^+ + xe^- + Li_{1-x}CoO_2 \ (x<0.5)$$

$$C_6 + Li^+ + e^- \leftrightarrow LiC_6$$

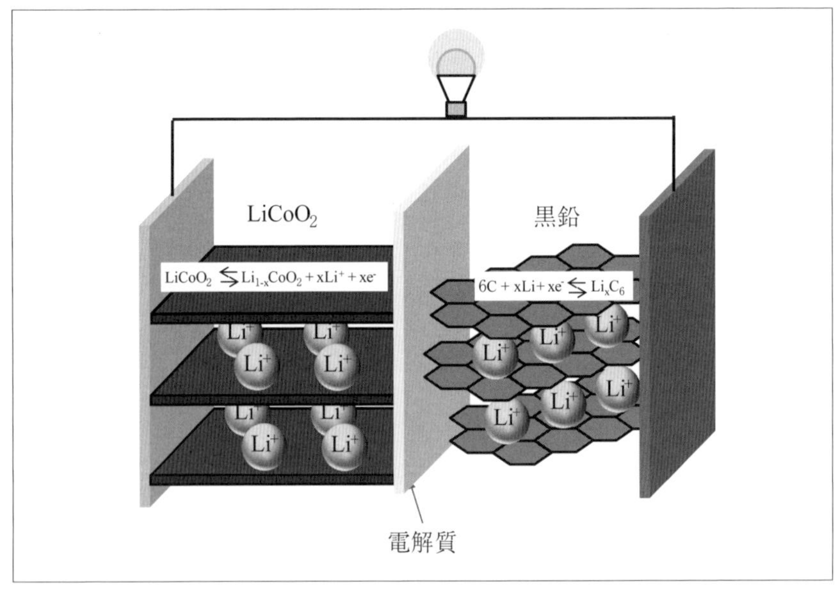

〔図 2-2〕 Li^+ イオンの挿入・脱離

と記述されるため、$LiCoO_2$ および黒鉛それぞれ 1 g で電気容量としては 140 mA h と 372 mA h が理論的に得られる。1 A h の電池を構成するにあたり $LiCoO_2$ は 7.14 g、黒鉛は 2.67 g 必要となる。電解質にはエチレンカーボネートやジエチルカーボネートなどの有機溶媒に $LiPF_6$ などのリチウム塩を溶解した電解液が使用される。この電解液に関しては最小限の量でいいが、ここでは活物質総重量の 10 % 程度が必要であると仮定する。固体電解質を使用する場合には、電解質量は増加する傾向にある。これらの三要素、正極活物質、負極活物質、電解液の総重量は計算上 10.8 g となる。電池の電圧は黒鉛負極と $LiCoO_2$ 正極の電位差で、約 3.8 V 程度になる。したがって、1 A h のエネルギー量は 0.38 W h で重量は 10.8 g となるので、電池のエネルギー密度は 352 W h kg^{-1} となる。三要素以外に、セパレーター、バインダー、導電剤である微粉炭素、電池ケース、安全性を保つ回路類など多くの部材が必要となる。リチウムイオン電池の場合にはその他の部材が 50 % 程度の重量を占めるので実質的なエネルギー密度は 150 W h kg^{-1} となる。固体電解質を使用する場合にどれほどのエネルギー密度になるのかは、全固体電池で十分な性能を確保できる固体電解質がどれほど必要となるかに依存する。したがって、固体電解質の種類にも依存する。体積当たりの電池のエネルギー密度は電池の密度（電池を構成する部材の平均密度）に依存する。電解液系の場合には 2 程度になり体積当たりのエネルギー密度は 300 W h L^{-1} となる。固体電解質を使用すると電池の密度は 2 以上になり、電解液系よりも大きなエネルギー密度が期待できる。全固体電池の魅力として体積当たりのエネルギー密度の向上が挙げられる。図 2-3 には 18650 型の円筒形リチウムイオン電池のエネルギー密度の変遷を示す。活物質は

$LiCoO_2$と黒鉛であるが、過去20数年で3倍のエネルギー密度を達成している。このエネルギー密度の向上は電池技術の進歩によるものである。この結果を見ても明らかなように、材料の発見・発明に加えて電池の作製方法が重要である。現時点で、全固体電池の場合には実用的な電池が作製されているわけではないので、全固体電池を今後どのように作製するのかが重要である。全固体電池用の電池設計の検討が求められる。

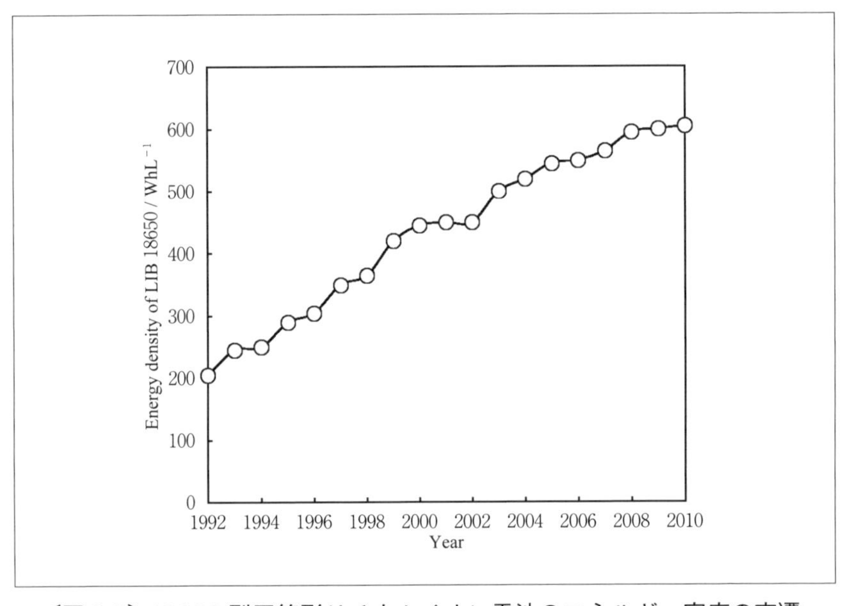

〔図2-3〕18650型円筒形リチウムイオン電池のエネルギー密度の変遷

2－2　出力密度

エネルギー密度に加えて重要となるのが、出力密度である。例えば、スマートフォンなどの携帯機器用の電池と電気自動車用の電池を比較するとエネルギー密度は２倍程度異なる。同じ正極活物質と負極活物質を使用して電池は作製されているがエネルギー密度は大きく異なる。大きな出力密度、具体的には大きな電流を電池から取り出すことであるが、これを実現するにはリチウムイオン電池の電極反応や電解質の抵抗を低減することが求められる。リチウムイオン電池内で生じる反応について考察する必要がある。図 2-4 にリチウムイオン電池内で生じる反応の各過程をまとめた。リチウムイオン電池の内部インピーダンス、抵抗は大きく分けて電極・電解液界面での電荷移動抵抗、Li^+ イオンの活物質内

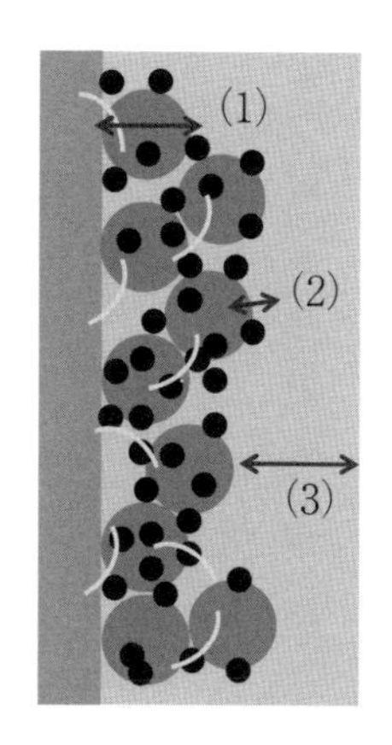

(1) Li^+イオンの活物質内部での移動（固体内拡散）
(2) 電極・電解液界面での電荷移動
(3) 電解液中でのLi^+イオンの移動（泳動と拡散）

〔図 2-4〕リチウムイオン電池内で生じる反応過程

部での移動（固体内拡散）、電解液中でのLi^+イオンの移動（泳動と拡散）である。これらの反応の抵抗を比較すると大きな電流を流す場合には、電解液中でのLi^+イオンの移動が律速する。電解液の場合、$LiPF_6$が支持塩として使用される場合が多い。Li^+イオンとPF_6^-イオンの両方が電場により移動する。泳動現象であり、Li^+イオンの移動がアニオンであるPF_6^-イオンの泳動よりも遅く、Li^+イオンの移動は泳動だけではなく一部拡散過程となる。イオン半径はPF_6^-イオンの方が大きいが、Li^+イオンは溶媒和されており移動時の体積はアニオンよりも大きくなるためである。そのため大きな電流を流すと電極と電解液の界面でのLi^+イオンの供給ないしはLi^+イオンの消失の速度が遅くなり電池反応全体を律速する。特に正極と負極の電極内部の細孔をLi^+イオンが移動する過程が遅い。このために、電池の出力密度を大きくするには電極の細孔を多くするか、電極厚みを薄くする必要がある。このような電池設計を行うと、使用する集電体の枚数やセパレーターの枚数が増加し、電池の体積も大きくなり重量も増加する。その結果、電池のエネルギー密度が低下する。スマートフォン用の電池では大きな電流を流す必要がなく、細孔が少ない厚みのある電極が使用できるために電池のエネルギー密度は大きくなる。一方、電気自動車の場合、比較的大きな電流を必要とするために、多くの細孔を有する薄めの電極が使用される。このことが電池のエネルギー密度を低下させる要因となる。固体電解質を用いた電池では事情が異なる。電解質中において稼動できるイオンはLi^+イオンのみであり、電解質中で見られたLi^+イオンの拡散現象は起こらない。そのため、全固体電池の反応の律速段階は拡散過程ではなく、電解質の抵抗や活物質・電解質界面の抵抗が重要となる。電極内部に存在する電解質中には電解質および電極活物質の抵抗に依存して電位分布が発生する。電位分布が大きくなると活物質の利用率が電極内の位置に依存して異なってくる。この現象が全固体電池の反応過程を律速する。使用する電解質のイオン伝導度が電解液のそれと同じであるなら、全固体電池の方が電流を取り出しやすくなることが予想される。実際に、硫化物系の固体電解質では電解液と同程度あるいはそれ以上のイオン伝導性が実現されており、出力密度の向上を考えると全固体電池は電解液系の電池よりも理論的には適合している電池系である。図 2-5 に全固体電池内での反応をまとめる。Li^+ イオンの濃度分布は活物質のみであり、泳動のみで Li^+ イオンは供給されるため電解質中には濃度分布はない。ただし、固体電解質の抵抗に依存して電位分布が発生する。電位分布は活物質の利用率の差になる。全固体電池を放電する場合、Li^+ イオンの固体内部での拡散よりも、この電位分布が取り出せる電流値に大きく影響する。さらに、固体電解質の場合には正極活物質あるいは負極活物質と固体電解質の界面接触の問題が有り、界面における電荷移動抵抗も取り出せる電流に大きく影響を及ぼす。電解質部分に Li^+ イオンの濃度分布は発生しないが

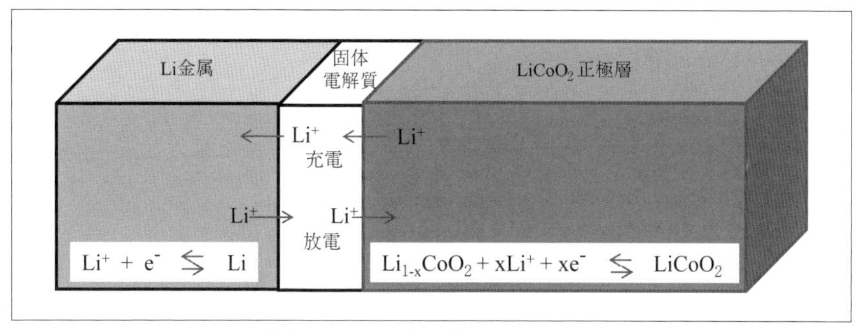

〔図 2-5〕全固体電池内での反応

電位分布が発生する。電解液系では Li^+ イオンの濃度分布と電位分布の両方が発生するので電流を取り出す意味では全固体電池の方が有利となる可能性があることを強調しておく。いずれにしてもより大きな Li^+ イオン伝導性を有する固体電解質材料の開発が重要となる。

2－3　寿命

リチウムイオン電池の寿命に関する多くの研究があるが、どのような要因で電池の容量が大きく減少し電池の寿命が尽きるのかについては完全に理解されていない。考えられる要因として電解質の劣化や活物質と電解質界面の劣化が挙げられる。活物質自身の変質が要因となることもある。ここでは、電解質が関与する二つの要因を主に考える。まず、電解質の劣化については電解液系と固体電解質系を比較すると、もちろん固体電解質系が安定であると判断される。電解質の電気化学的な安定範囲を図 2-6 に示す。この図に示すように液体電解質では 5 V 程度まで安定な材料は少なくない [1]。固体電解質は安定な電位範囲が広い。酸化物固体電解質 $Li_7La_3Zr_2O_5$ は広い電位範囲で安定である [2]。このような固体電解質を使用することで安定に長期に動作する電池の作製が可能であると考えられる。電解液を使用するリチウムイオン電池では、電解液の正極表面での酸化分解や負極表面での還元分解が懸念される。リチウムイオン電池に使用している電解液は基本的にはリチウム金属の電位を基準にして 4.3 V の電圧では分解する。また、1 V の電圧では還元される。

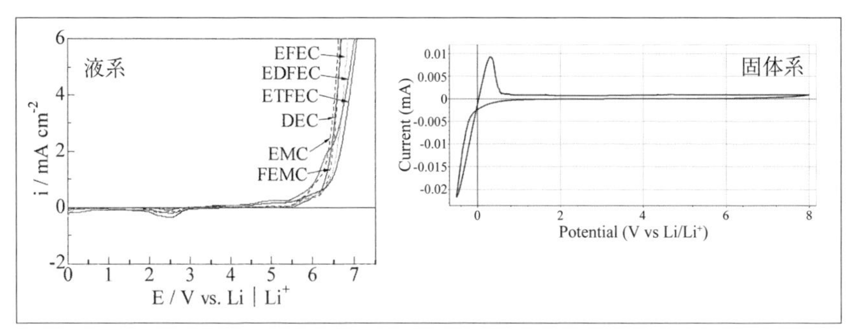

〔図 2-6〕液体系および固体系電解質の電位窓

実際に、リチウムイオン電池では、黒鉛負極表面に表面皮膜が生成し電解液の還元分解を抑制していることが重要となっている。また、正極では電解液の酸化分解が 4.3 V までは激しく生じないのでリチウムイオン電池を構成することができる。しかし、電解液系の電池の場合には熱力学的に（本質的に）電解液と電極材料との反応を防止することは難しい。リチウムイオン電池の充電により電解液が分解すると、僅かにしか入っていない電解液が消失し、電解液部分の抵抗が非常に大きくなり、電池の充放電ができなくなる。電池の劣化が電解液の不安定性（電気分解）により生じるのである。また、電解液の分解により生成した物質が電極活物質の表面を覆うと界面の抵抗が上昇し電池が放電できなくなることもある。電解液の分解が少し生じたとしても、界面が影響を受ける場合もある。酸化あるいは還元に対して安定な固体電解質を使用することでこのような現象を低減できるので電池の寿命が長くなる。実際に図 2-7 に示すように固体電解質を使用した薄膜電池では 10000 回以上サイクル

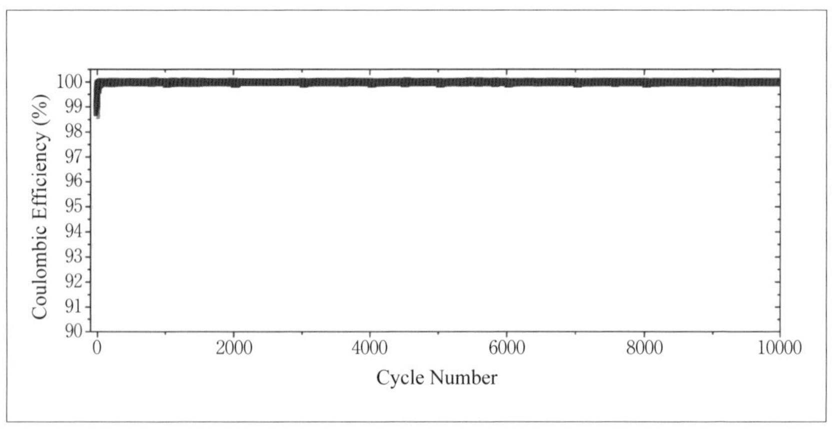

〔図 2-7〕固体電解質を用いた薄膜電池のサイクル挙動

しても問題なく電池は動作し超長寿命が固体電池に対しては期待できる[3]。固体電解質の中でも硫化物系材料は酸化物系材料と比べると、電気化学的あるいは化学的反応性が高く、特に界面の安定性に関しては注意が必要である。いずれにしても、電解液の電池に比較して固体系の電池の寿命は長くなることが期待される。

2－4　安全性

リチウムイオン電池はこれまで既述したように優れた電池系である。最大の課題はその安全性である。図 2-8 にリチウムイオン電池の安全性に関するこれまでの事故例を示す。電池が発火破裂している様子が分かる [4]。リチウムイオン電池では大きな電圧を実現するために可燃性である有機系電解液を使用している。電池が正常に動作している間は何も問題はないが、何らかの要因で電池温度が上昇すると図 2-9 に示すようにある温度を境に急激に電池温度が上昇し可燃性の電解液が発火する。この時点で電池は破裂している。電池の温度が上昇する要因としていくつかの可能性が考えられる。リチウムイオン電池を過充電した場合に生じたり、電池が圧壊されたり釘が刺さったりして正極と負極が短絡した場合に見られる。基本的には電池の内部短絡現象が原因であるが、場合によっては外部での短絡が発生し発火・破裂に至る場合もある。いずれにしても、リチウムイオン電池では可燃性の電解液を使用しているため

〔図 2-8〕安全性に関する過去の事故例

に安全上の問題が生じる。安全性を担保するために、セパレーターや電解液の添加剤などの工夫により短絡しにくくしたり電解液を燃えにくくしたりする工夫がなされている。例えば、図 2-10 に示すような、セラミックス粒子をコートしたセパレーター [5] が開発され、特に大型の電池に使用されている。しかし、これまでに電気自動車のリチウムイオン電池が発火して大事故が起きたり、エネルギー貯蔵用大型リチウムイオン電池が発火して問題になったりしている。安全性の確保が今後の電池においては大きな課題となっている。この問題を解決するためには不燃性の電解質を用いることが必要となる。固体電解質、特にセラミックス系の固体電解質は不燃性あるいは難燃性であるため電池の安全性を確保する上で重要である。固体電解質には硫化物系と酸化物系があり、硫化

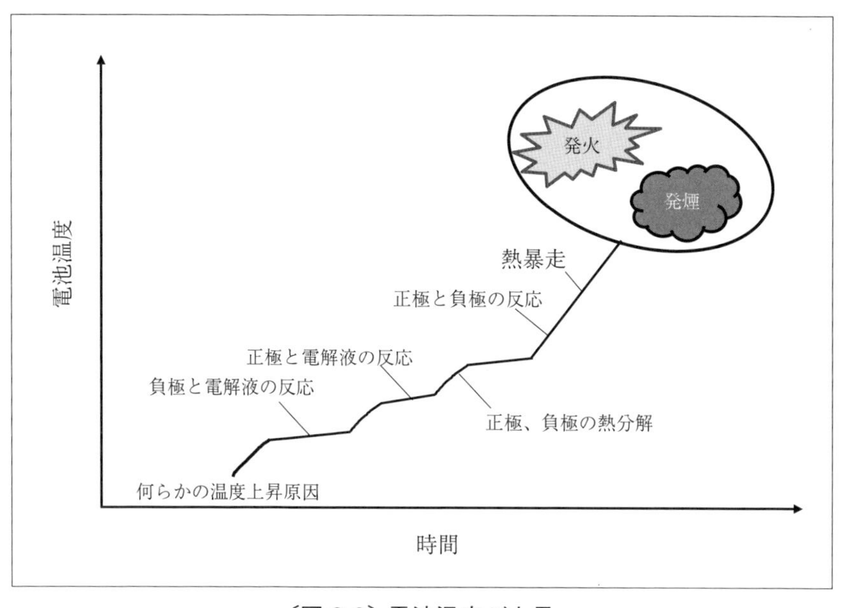

〔図 2-9〕電池温度が上昇

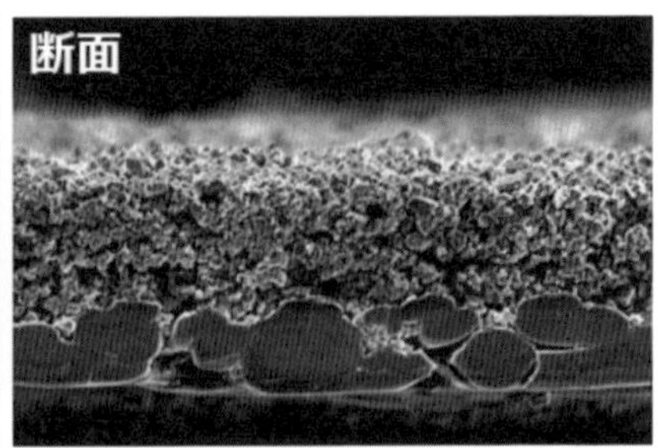

出典 三菱製紙株式会社 NanoBaseX
http://www.k-mpm.com/bs/nbx.php

〔図 2-10〕アルミナコーティングセパレーター

物系は空気中では燃焼するが有機系電解液より格段に安全である。ただし、燃焼した際に発生する SO_X は有害である場合があるので、注意しなければならない。酸化物系の固体電解質は高温でも安定であるので非常に安全な電池を作製することができる。電池の究極的な安全性の担保のためには固体電解質を用いた全固体電池が有望である。

3.

リチウムイオン電池の現状

リチウムイオン電池は電気自動車やエネルギー貯蔵システムの電源として広く使用されている。小型機器用の電源として開発され現在ではスマートフォンやノート型パーソナルコンピューターの電源として広く使用されている。また､その他の用途にも使用されつつある。図 3-1 に種々の従来の蓄電池のエネルギー密度を示す。リチウムイオン電池は鉛蓄電池の 3 倍程度のエネルギー密度を有しており、多くの応用に適合する電池である。この小型の電池を最近では電気自動車に利用するようになってきた。小型のリチウムイオン電池の出力密度は小さい。消費電力が半導体デバイスの低電力化により小さくなったからである。$LiCoO_2$ を正極に使用し、黒鉛などの炭素系材料を負極に用いて、700 W h L^{-1} のエネルギー密度を実現している。以前はリチウムイオン電池が発火して安全上の多くの問題を引き起こしてきたが、出力密度の低下と安全を担保す

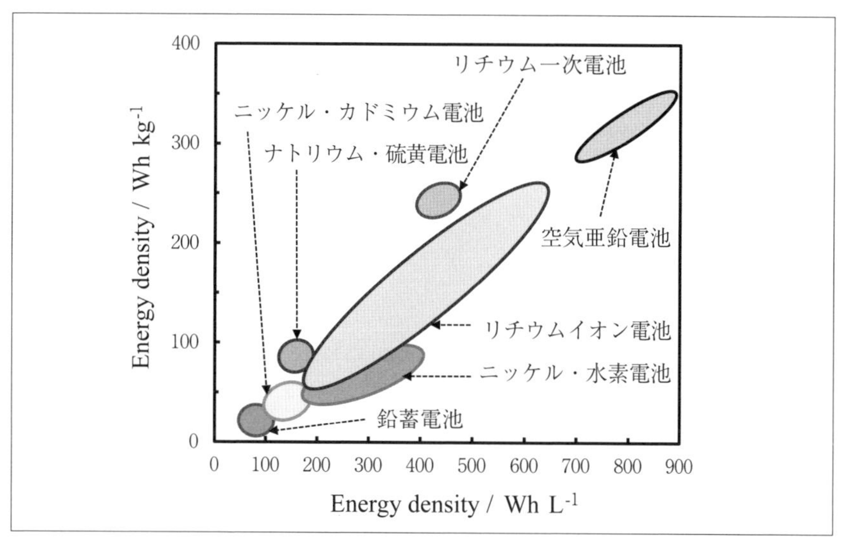

〔図 3-1〕 種々の従来蓄電池のエネルギー密度

るためのセパレーター技術や安全回路技術が進歩し小型のリチウムイオン電池の発火はなくなっている。図 3-2 にリチウムイオン電池の内部構造を示す。正極シートと負極シートがあり、その間にセパレーターシートが設置されている。長尺のシートを巻き取って電池が作製されている。正極にはアルミニウム集電体上に正極活物質と導電剤である炭素とバインダーとなる高分子が塗布されている。厚みは数十 μm 程度である。N-メチルピロリドン溶媒に正極活物質、導電剤、バインダーを分散混合してスラリーを作製し、このスラリーをアルミニウム集電体上に塗工・乾燥して電極が作製される。図 3-3 にこのようにして作製した正極の断面構造を示す。正極活物質と高分子バインダーと導電剤が均一に分散していることが重要となる。この電極の空隙内部に電解液が染み込んで電池の反応が進行する。電解液の場合、自由に変形し均一に正極活物質と接

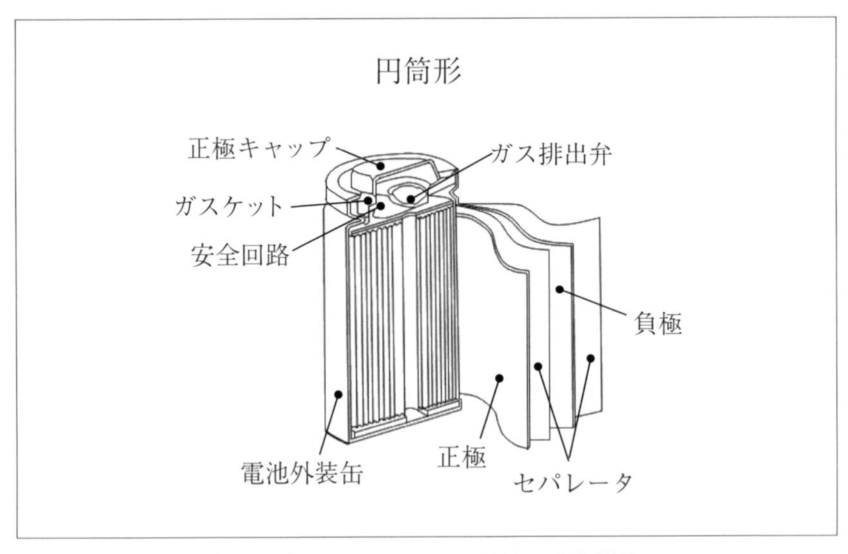

〔図 3-2〕リチウムイオン電池の内部構造

触し電気化学的な反応界面を形成する。正極活物質の粒径は数 μm であり、比表面積は数 m^2 程度と非常に大きな表面積を有している。大きな電流を取り出すために重要な構造となる。また、細孔内部の電解液中では Li^+ イオンとアニオン（例えば PF_6^- イオン）が移動する。リチウムイオン電池では Li^+ イオンの移動のみが反応に寄与するが、アニオンの移動も生じるため Li^+ イオンの供給が問題になる場合もある。電気自動車などの高い出力を必要とする用途では特にそのような現象が生じる。したがって、より多孔質な電極を作製し、Li^+ イオンの供給が遅れないようにしておくことが重要となる。多孔質構造は電極の単位面積当たりの容量密度を低下させ、結果的に電池のエネルギー密度を低下させる。固体電池においても、この事情は同じである。電極を厚くすると電極層内に電位分布が発生し、十分な速度で反応が生じなくなる。固体電池の場合には拡散現象はないので、界面抵抗が大きくなり電極層を十分に使用できなくなる。現時点では、高い出力密度を要求しない用途のリチウムイオン電池は 300 W h kg^{-1} (600 W h L^{-1}) のエネルギー密度を有する。

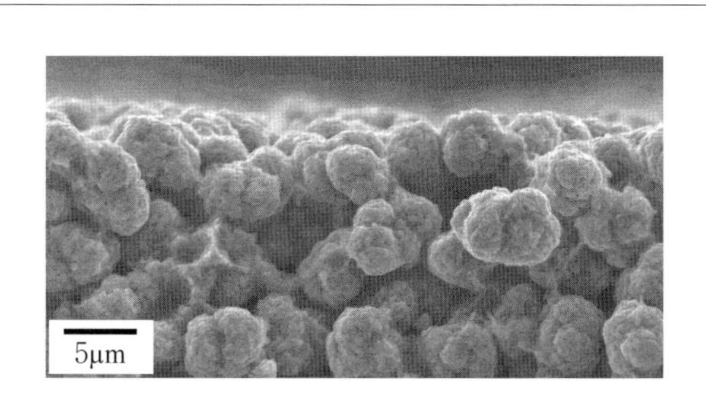

〔図 3-3〕リチウムイオン電池の正極断面構造

高い出力密度を要求する用途では150 W h kg^{-1} (300 W h L^{-1}) のエネルギー密度を有する。前者のリチウムイオン電池では厚みのある正極と負極が使用されている。後者では薄めの正極と負極が使用されている。電気自動車などの大型の用途においては高い出力密度が必要となるため薄い電極を用いて高いエネルギー密度を有する電池を作製するには、$LiCoO_2$ に代わる新しい正極材料が必要となる。Co の代わりに Ni を用いた $LiNiO_2$ が高容量を発揮できる活物質として研究されてきたが、その構造が Li^+ イオンの出入りに伴って変化するために電極の寿命が短くなり長寿命を有する電池の作製ができなかった。そこで、構造の安定化を図るために $LiNi_xMn_yCo_zO_2$ ($x+y+z=1$) の組成を有する正極材料が注目され、実際に電気自動車用リチウムイオン電池に使用されている。160 mA h g^{-1}～220 mA h g^{-1} 程度の容量が得られ、電池のエネルギー密度の向上に大きく貢献している。Ni 系の正極材料を用いて作製した電気自動車用のリチウムイオン電池のエネルギー密度は 200 W h kg^{-1} (400 W h L^{-1}) が標準的な値である。

リチウムイオン電池のもう一つの重要な応用としてエネルギー貯蔵がある。エネルギー貯蔵は二酸化炭素削減の意味で非常に重要なエネルギー技術である。いくら電気自動車が走行しても、二酸化炭素の削減は電力をどのようにして創り出したかに依存する。二酸化炭素の削減には自然エルギー由来の電力を使用することが必須となる。しかし、太陽光発電や風力発電は季節変動や日中・夜間の変動など天候・気候に左右されるために安定に発電することができない。そのため、電力系統網に直接これらの自然エネルギー由来の電力を導入することはできない。そこで、不安定な電力を安定化させるための蓄電設備が必要となっている。ニッケル水素電池や鉛蓄電池を用いた自然エネルギーの安定化がこれまで行われてきたが、図 3-4[6] に示すように広大な土地が必要となる。電池のエネルギー密度が小さいためである。そこで、鉛蓄電池の 3 倍ぐらいのエネルギー密度を有するリチウムイオン電池が注目されている。今後、ますますリチウムイオン電池を用いた電力安定化技術が進展するものと思われる。一方で、図 3-5[7] に示すように自然エネルギー用のリチウムイオン電池設備で火災が発生している。これは、大きな問題となっている。今後、より安全な蓄電設備が必要であり、全固体電池が注目されている。

出典：ウェストグループホールディングス 施工実績 岩手県一関市（2012年8月完工）
https://www.west-gr.co.jp/case/1999/

〔図 3-4〕広大な土地

FM Global conducts fire research on a lithium-ion battery storage system at its research center in West Glocester, Rhode Island.

Source: © 2019 FM Global. Reprinted with permission. All rights reserved.

https://www.spglobal.com/marketintelligence/en/news-insights/latest-news-headlines/51900636

〔図 3-5〕リチウム電池設備で火災（試験）

4.

革新電池の必要性

4－1　革新電池の意義

リチウムイオン電池が大きなエネルギー密度を有しているために、電気自動車やスマートフォンなどの新しい用途が展開されてきた。今後も、このような展開が広がっていくが、環境とエネルギーに関する問題を考えるとさらに大きなエネルギー密度を有する電池が必要である。そのような電池として革新電池が存在する。革新電池の具現化が今後の環境・エネルギー問題を解決する一つの重要な技術課題である。なぜ、電池の高エネルギー密度化が必要なのかを二酸化炭素の排出の観点から考える。一例として電気自動車とガソリン車の比較をする。ガソリン車から放出される二酸化炭素の量は、車体製造時の排出と車体廃棄・リサイクル時の排出と走行時の排出から求められる。電気自動車の場合にはさらに電池製造時の二酸化炭素排出量が加わる。電気自動車およびガソリン車が走行時に排出する二酸化炭素量は自動車の電費あるいは燃費と発電時あるいはガソリン生産に伴う二酸化炭素の排出量から求められる。単位電力当たりの二酸化炭素排出量は地域によって大きく変動する。表4-1に各地域での二酸化炭素排出量 [8] を示す。水力発電が主となっているカナダでは発電時の二酸化炭素排出量少なくアメリカや日本では排出量が大きくなる。ここでは、日本における電気自動車の二酸化炭素排出量に限定する。表4-2の電気自動車およびガソリン車から発生する二酸化炭素排出量の計算に必要となる種々の値をまとめた。これらの値を用いて計算した結果を図4-1に示す。比較的大きなリチウムイオン電池を搭載した電気自動車からの二酸化炭素の排出はガソリン車よりも大きな値になっている。7～9年後には電気自動車が有利になる。この結果はリチウムイオン電池の製造過程で比較的大きな二酸化炭素の排出があるためである。この計算ではリチウムイオン電池の寿命に関する因子を考慮していない。電池の寿命が20年もあれば問題ないが実際には3～5年程度である。これを考慮して図4-1を描き直すと図4-2のようになり、電気自動車が二酸化炭素を削減するとは考えにくい結果となる。もちろん、図4-3に示すように電気自動車用の電力が太陽光発電によって供給されると電気自動車が有利となる。これらの結果から革新電池について考えると、次の点で優れた蓄電池でなければならない。

(1) エネルギー密度が大きい（例えば3倍）

(2) 寿命が長い

(3) 安全性（上述したように）

エネルギー密度を大きくできれば革新電池の製造時に発生する二酸化炭素量は減少する。一般的に、重さと二酸化炭素排出量は比例的な関係になるので同じエネルギーをより軽量の電池で供給できるなら、電池製

〔表4-1〕世界地域で1kWhの発電で排出される二酸化炭素排出量

国名	CO_2 排出量（kg）
カナダ	0.151
米国	0.456
フランス	0.046
ドイツ	0.450
イタリア	0.342
スペイン	0.293
スウェーデン	0.011
英国	0.349
ロシア	0.395
インド	0.771
中国	0.657
韓国	0.526
日本	0.540

出典：一般社団法人海外電力調査会、人口1人当たりCO_2排出量と発電量1kWh当たりCO_2排出量（2015年）
https://www.jepic.or.jp/data/g08.html

造時の二酸化炭素排出量を減少させることができる。加えて、長寿命にすることで電池製造による二酸化炭素の排出は減少する。安全性に関しては二酸化炭素排出量と関係はない。(1)～(3)を満足する電池として固体電池が挙げられる。固体電解質を用いれば安全な電池が作製でき、固体なので部材も安定で長寿命に使用できる。また、リチウム金属負極などの高容量電極材料を使用することで大きなエネルギー密度を実現できる可能性が高い。革新電池は二酸化炭素削減には必須の蓄電デバイスであり、中でも全固体電池には特に大きな期待が寄せられている。

〔表 4-2〕電気自動車およびガソリン車から発生される二酸化炭素排出量に係るデータ

	項目	Co_2 排出量(kg)	参考
車体	ガソリン車(1300kg)の製造	2824	[9]*1, 2
車体	電池を除いたEV(x kg)の製造	2824×[(x-10.4×y)/1300]	*3
電池	1kWhの電池パックの製造	75	[9]*4
走行(ガソリン)	ガソリン1Lの燃焼	2.32	[11]
1kWhの発電で排出されるCO_2	現行の発電方式(日本)	0.54	[12
1kWhの発電で排出されるCO_2	太陽光発電	0.038	[13]

電池重量		重量(kg)	参考
	1 kWhあたりのLIB重量	10.4	[14]

	EV1台に搭載される電池容量(kWh)	電池容量利用率(%)	電費(km/kWh)	充電一回当たりの走行距離(km)	サイクル寿命(回)	総走行距離(km)
EV(80 kWh)	80	100	9	720	500	360000

EV用LIBの電費とサイクル寿命に関する推測

	電池容量(kWh)	航続距離(km)[15]	電費(km/kWh)	保証距離(km)[15]*5	サイクル寿命(回)
EV(40kWh)	40	400	10	160000	400
EV(62kWh)	62	570	9	160000	280

*1 : Figure 3の縮尺比より計算、*2 : 車両重量は[13]Figure3 'Fuel combustion in car'と[10](2)乗用車車両重量別CO_2排出量から計算、*3 : 10.4 = 1 kWhあたりの電池重量、y = 電池容量(kWh)、*4 : Figure 2の縮尺比より計算、*5 : 正常使用条件下で、バッテリーの容量が8割切った場合に、無償修理が受けられる走行距離の上限

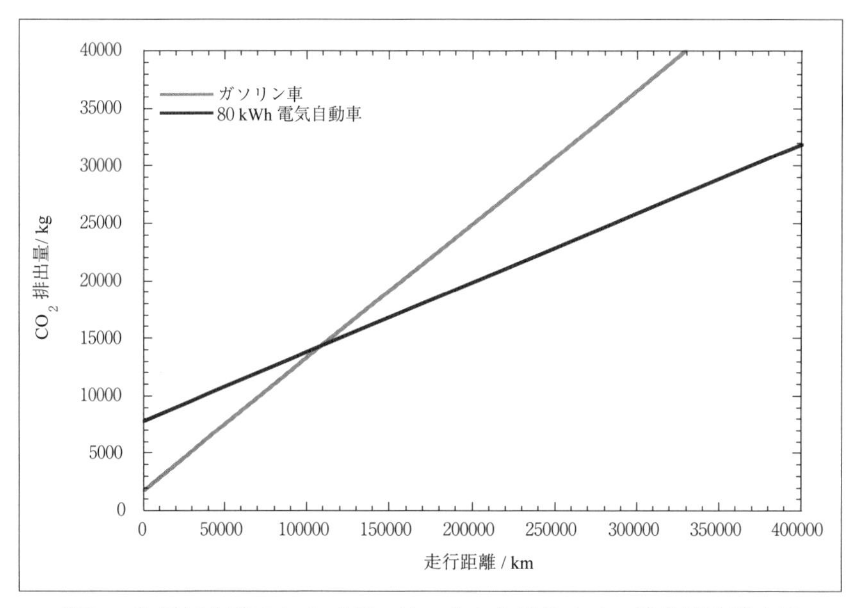

〔図 4-1〕電気自動車およびガソリン車から発生する二酸化炭素排出量

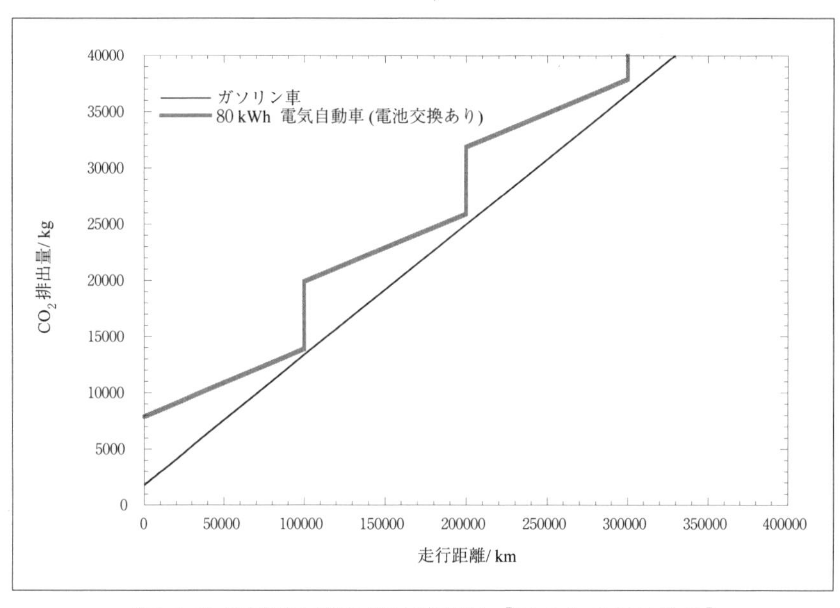

〔図 4-2〕実際の二酸化炭素排出量【図 4-1 の書き換え】

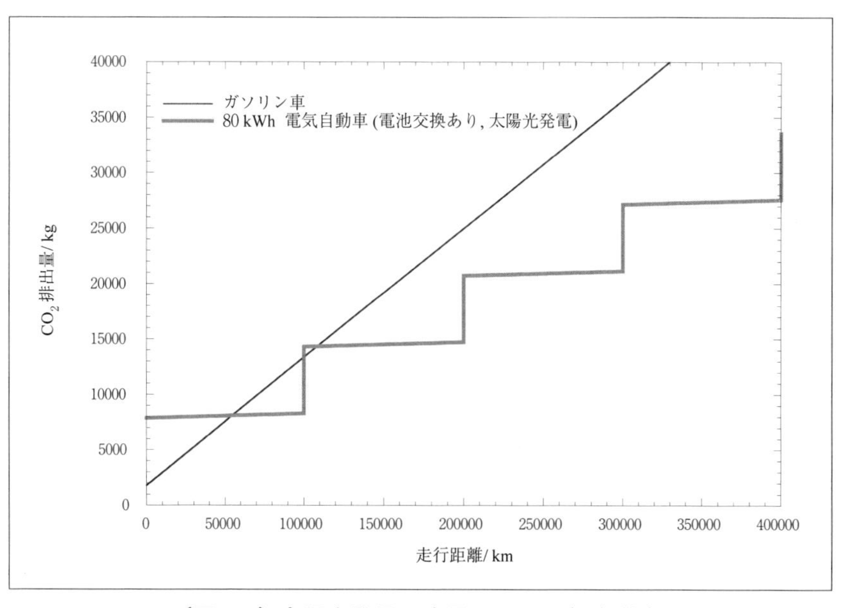

〔図 4-3〕太陽光発電で充電される電気自動車

4－2　リチウム硫黄電池およびリチウム空気電池

硫黄正極は 1672 mA h g^{-1} という非常に大きな容量密度を有する。リチウム金属負極を用いて蓄電池を作製すれば高エネルギー密度の電池になる。しかし、リチウム硫黄電池の電解液には正極活物質の放電生成物の中間体が溶出する問題がある。図 4-4 にその反応機構のモデルを示す。このような反応が進行すると、充電した容量を 100 % 取り出しにくく、リチウム硫黄電池の実用化を妨げている。中間体が溶解しない新しい電解液の開発やリチウム金属表面の保護による中間体とリチウム金属との反応抑制などが検討されてきた。また、電解質の固体化も一つの解決法である。固体電解質を使用した全固体リチウム硫黄電池に関する研究も

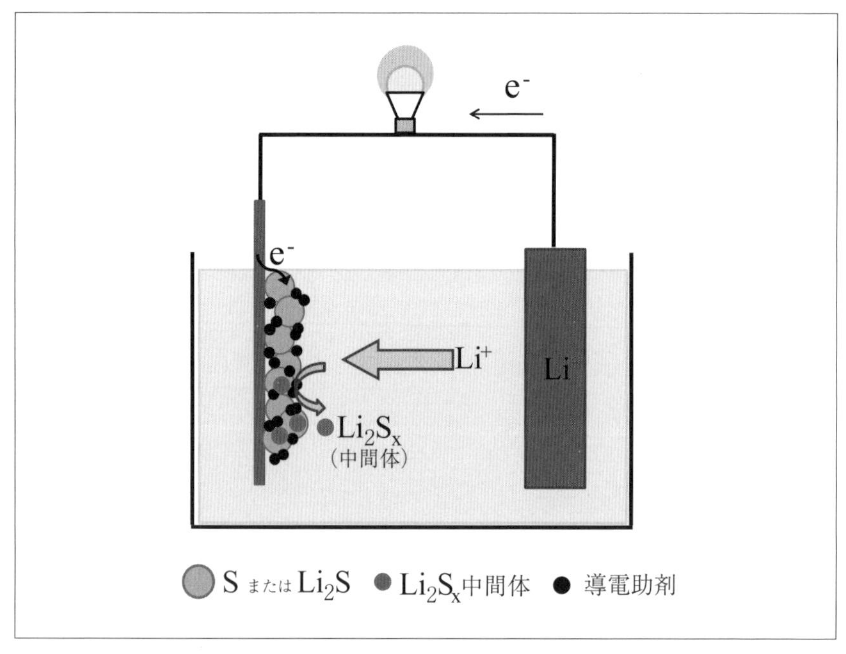

〔図 4-4〕リチウム硫黄電池の反応機構モデル

進展している。

リチウム空気電池の場合、電池内には負極のリチウム金属しかなく大気中の酸素が正極となる。この電池も大きなエネルギー密度が期待される革新電池である。しかし、この電池の正極は大気に開放した状態で、その影響がリチウム金属に及ぶと電池としての機能が損なわれる。大気中から水分や二酸化炭素が侵入すると負極が自己放電し電池の容量が大きく減少する。リチウム硫黄電池に類似した問題を抱えている。図 4-5 に大気中の酸素以外の気体が電池内に侵入した際に生じる反応をまとめた。このような反応を抑制するためには空気を取り込む場所に図 4-6 に示すようなフィルターを設置する必要がある。このようなフィルターの設置は電池の実質的なエネルギー密度を低下させる。したがって、本

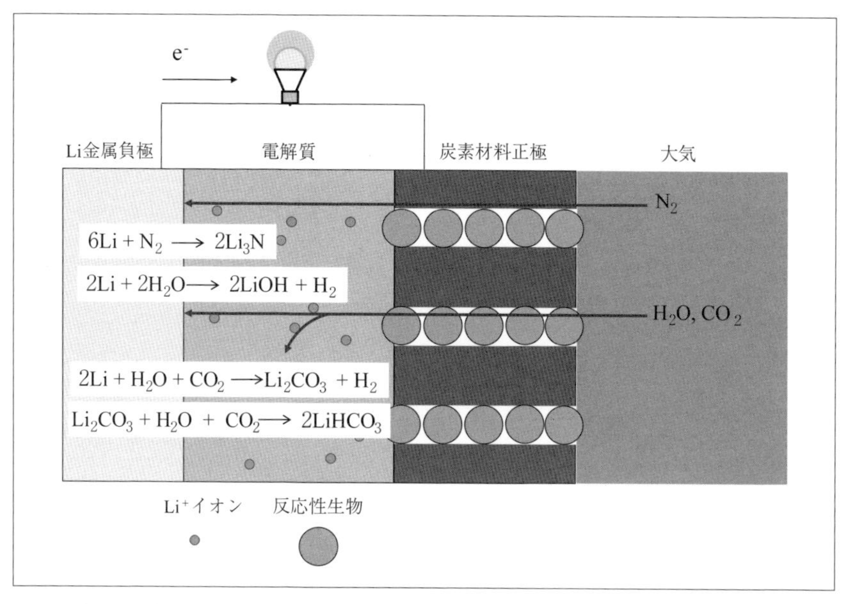

〔図 4-5〕酸素以外の気体が空気電池内に侵入した際に生じる反応

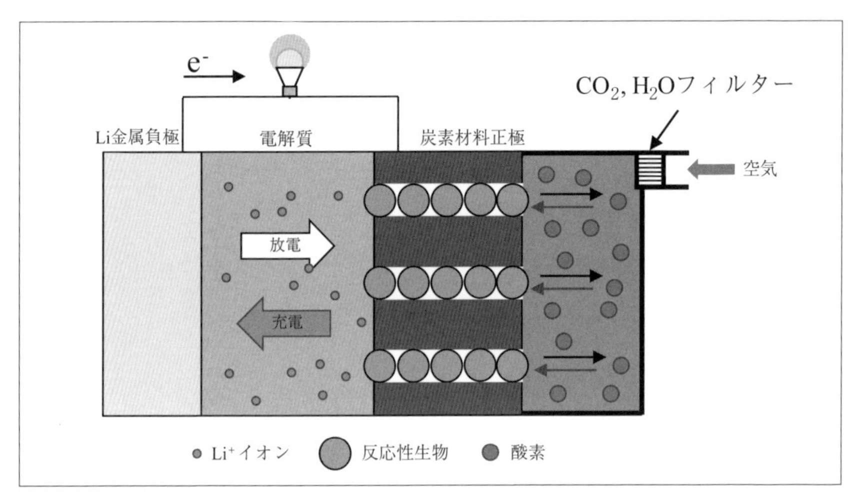

〔図 4-6〕空気電池用フィルター

来なら大気中の成分が電池内に侵入しても問題が生じないようにしておくことが求められる。そのためには、固体電解質を使用することが考えられる。酸化物系の固体電解質を隔膜として使用する研究が実際に行われている。

リチウム硫黄電池もリチウム空気電池も可能なら固体電解質を使用した電池の方が好ましい。既に、このような研究は両電池においても行われている。硫化物系固体電解質を使用した電池において特に優れた性能が得られている。

4－3　リチウム金属二次電池

リチウムイオン電池の構成は既に説明したとおりであるが、負極として使用する炭素系材料をリチウム金属に置き換えて作製した電池である。図 4-7 に示すようにリチウム金属負極は理論的には黒鉛に比較して大きな容量密度を有しており、電池のエネルギー密度を向上させるうえで重要な新規負極材料である。このリチウム金属とリチウムイオン電池において使用されてきた正極を使用することで大きなエネルギー密度を有する電池の作製が可能となる。400 W h kg^{-1} のサンプル電池が既に試作されている。しかし、図 4-8 に示すようにエネルギー密度は大きいがサイクル特性に問題がある。リチウム金属電池のサイクル特性はリチウム金属負極の充放電（析出・溶解）の可逆性に依存する。リチウム金属

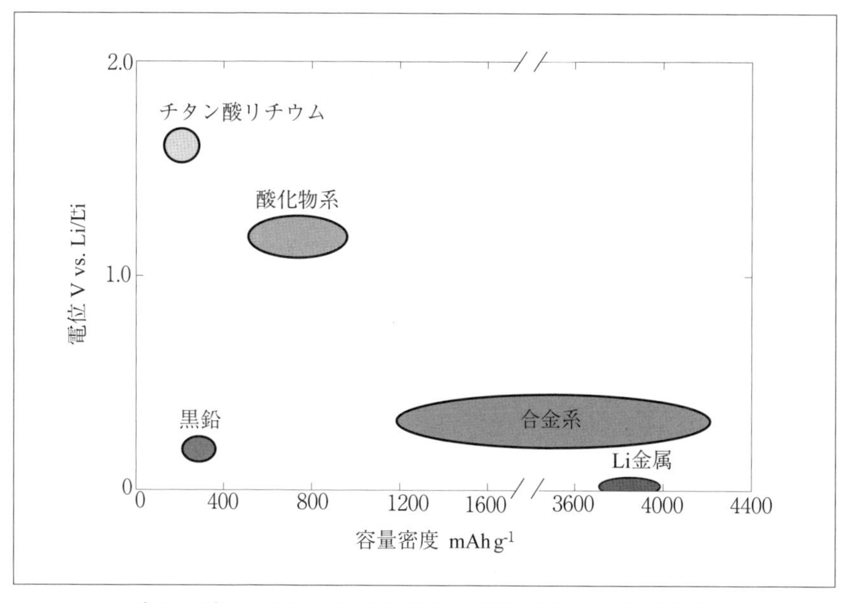

〔図 4-7〕リチウム金属負極および黒鉛負極の容量密度

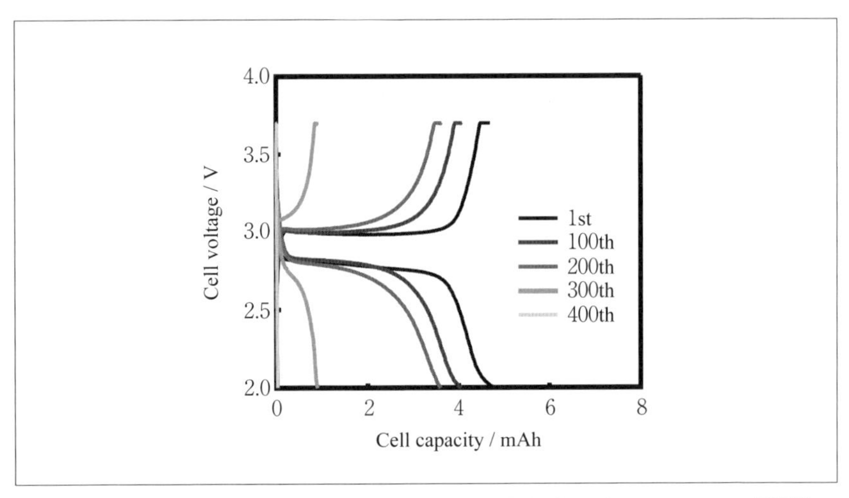

〔図 4-8〕リチウム金属二次電池のサイクル特性（Li デンドライドの影響）

負極の析出・溶解を行うと図 4-9 に示すような形態を有するリチウム金属が析出する [16]。デンドライト状リチウム金属と呼ばれているが、比表面積が非常に大きく電解液と反応しやすい状態にある。電解液とリチウム金属が反応するとリチウム金属の容量は減少し、かつ反応生成物が負極とセパレーターの間に堆積し大きな抵抗成分となる。その結果、電池の充放電ができなくなり電池が寿命となる。リチウム金属を用いた電池の開発のために新規電解液の開発や新規セパレーターの研究が進められている。200 回程度のサイクルを可能とする電池が試作されている。しかし、より長期のサイクルを実現するには固体電解質を用いることが一つの解決策として提案されている。

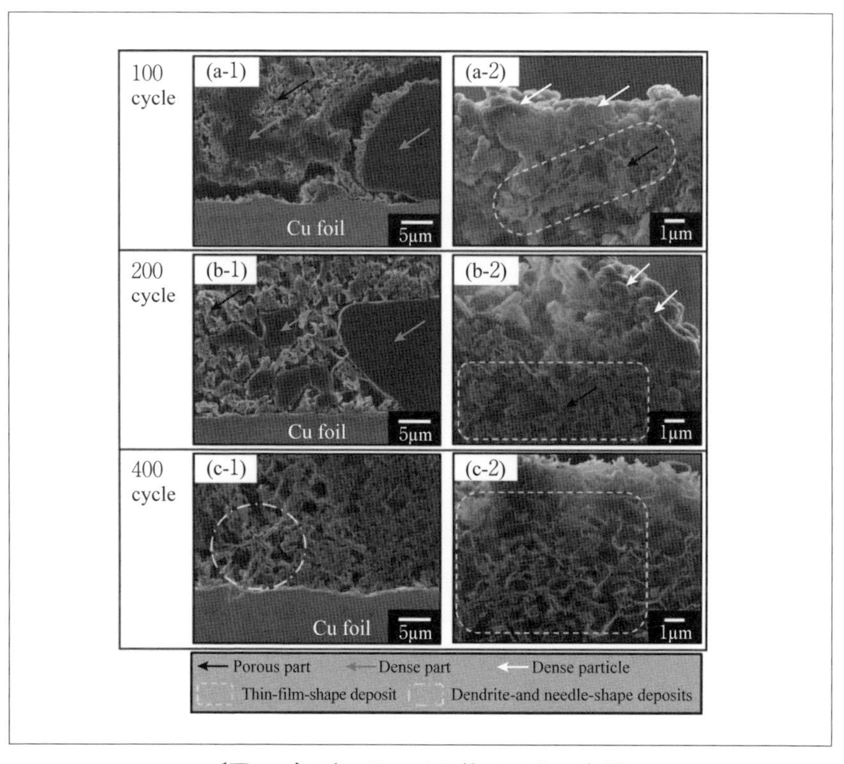

〔図 4-9〕デンドライト状リチウム金属

4－4　全固体リチウム金属二次電池

上記のリチウム金属二次電池の電解質を固体にしたものである。このタイプの電池は古くから薄膜系の電池において検討されてきた。固体電解質には Li_3PO_4 に N をドープした LIPON と呼ばれる電解質が使用されている。LIPON は 10^{-6} S cm^{-1} 程度の Li^+ イオン伝導性を有しており、電池の作製には導電率は低いが薄膜状態で使用することで実行抵抗を低減して電池の作製が行われている。図 4-10 に電池の構造を示す。$LiCoO_2$ を正極に使用している。全て薄膜プロセスで作製された全固体型リチウム金属二次電池である。LIPON はリチウム金属との反応性が低く安定にリチウム金属を動作させることができる固体電解質である。本来、リチウム金属は本電池の作製において不要であるが、充放電の可逆性の維持のために過剰なリチウム金属がセルに内に前もって充填されている状態である。図 4-11 にこの電池の特性を示す。10000 サイクルを超えて充放電を行えており、全固体電池が超寿命であることを示している [17]。また、薄膜電池あるため、充放電レートを大きくしても十分

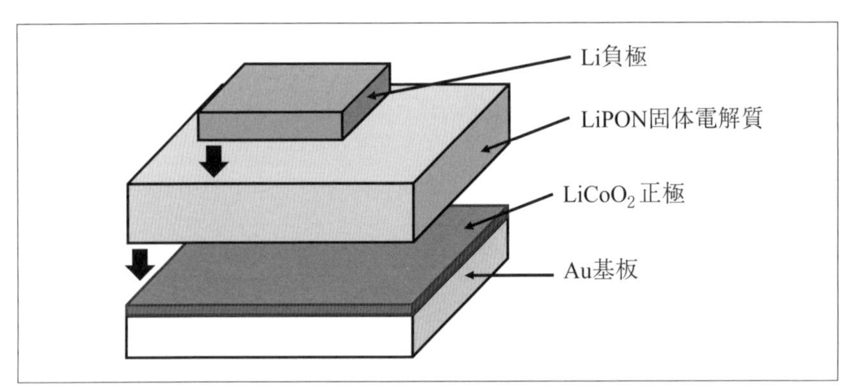

〔図 4-10〕LiPON 固体電解質を用いた金属リチウム薄膜電池の構造

な性能を維持している電池である。リチウム金属を使用して十分に安定な充放電サイクルを行えることが、この結果から明らかとなっている。もちろん可燃性の材料はほとんど使用されておらず安全な電池である。しかし、エネルギー密度は低い。薄膜電池の場合、電極活物質重量が電池全体の重量に占める割合が小さく電池としてのエネルギー密度が小さくなっている。また、放電容量も小さく使用できる応用に制限がある。少なくとも電気自動車用の電池に使用することはできない。また、電流値も容量が小さいために結果的に小さくなる。全固体型リチウム金属二次電池の一部の有用性はこの電池により示されたが、もっと大きな容量を有する全固体型のリチウム金属電池の開発が重要となる。

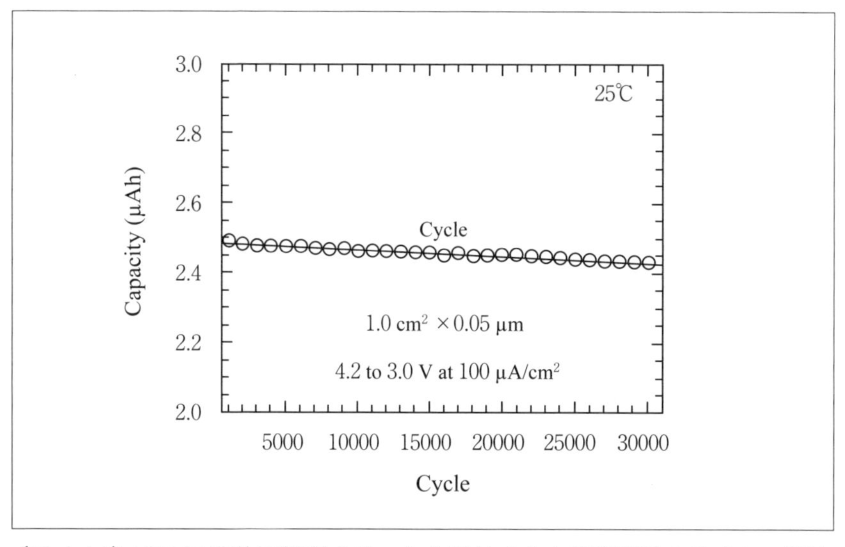

〔図 4-11〕LiPON 固体電解質を用いた金属リチウム薄膜電池のサイクル特性

5.

全固体電池の反応と特徴

５－１　全固体電池の反応

全固体電池にはリチウムイオン電池型、リチウム金属二次電池型、リチウム金属硫黄型、リチウム金属空気電池型がある。各電池の構成を図 5-1 にまとめた。液体電解質を用いた電池と構成は類似しており各電池において使用される部材が異なるだけである。リチウムイオン電池型を除けば基本的にリチウム金属二次電池である。現在、研究開発が最も進んでいるのがリチウムイオン電池型の固体電池であり、それに続いて全固体リチウム金属二次電池の研究が進められている。リチウムイオン電池の正極と負極、リチウム金属二次電池の正極に関しては Li^+ イオン

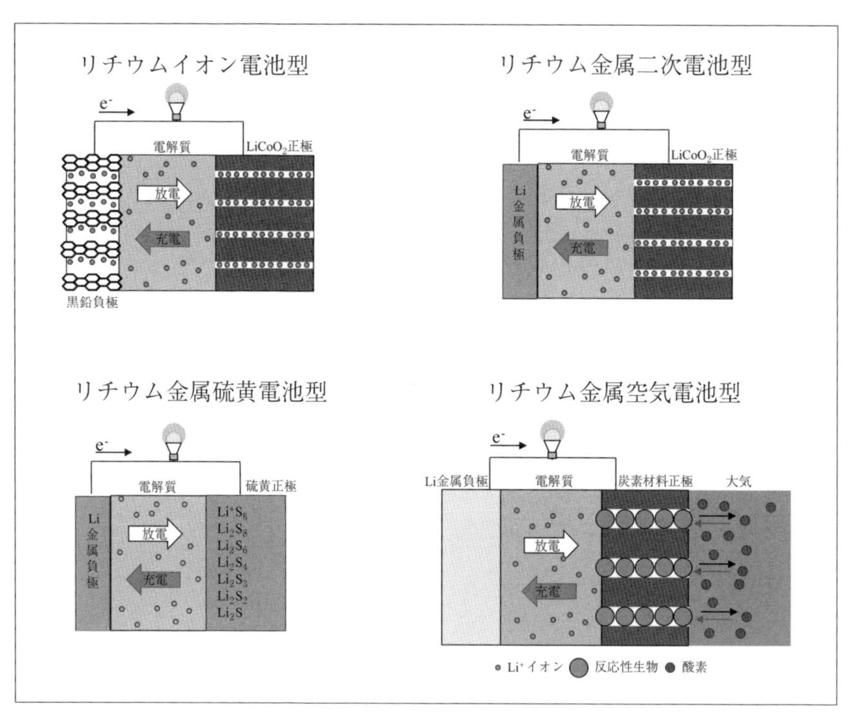

〔図 5-1〕各全固体電池の構造

の挿入・脱離反応である。全固体型リチウム金属二次電池、リチウム金属硫黄電池、リチウム金属空気電池の場合には負極はリチウム金属の溶解・析出反応となる。リチウム金属硫黄電池の正極反応はSとLiの反応でありLi_2Sができる。リチウム金属空気電池ではO_2とLiが反応してLi_2O_2が生成する。Li^+イオンの挿入・脱離反応とは異なる様式の反応が生じる。リチウム硫黄電池やリチウム空気電池において固体電解質を使用することにはメリットがあることをすでに記述した。しかし、硫黄正極および酸素正極の特性はまだまだ改善しなければならない状況にある。一方、正極にリチウムイオン電池で使用されてきたインターカレーション反応材料を用いるリチウムイオン電池型やリチウム金属型の全固体電池では正極に問題は少なく電池の作製が容易である。電池反応に依存して開発の状況が異なる。最も進んでいるのが硫化物系固体電解質や酸化物系固体電解質を使用するリチウムイオン電池型とリチウム金属電池型である。硫化物も酸化物も固体であり、電解質と正極には粉体を使用するため、硫黄電池や空気電池とは異なる。これらの電池では正極側は液体電解液を使用するからである。全固体電池という意味では硫化物系および酸化物系固体電解質を使用した電池が最も固体化された電池と言える。

硫化物系あるいは酸化物系固体電解質を用いて電池を作製する場合の反応についてさらに詳細に記述する。リチウムイオン電池型の全固体電池では負極には炭素系材料の粉体が正極には$LiNi_xMn_yCo_zO_2$（$x+y+z=1$）などのリチウム含有遷移金属酸化物の粉体が使用される。固体電解質とこれらの粉体の界面において電極反応が進行する。リチウム金属負極と固体電解質の界面も同様に固体と固体となる。基本的な反応は液系電解質を使用したものと同じ反応式で記述されるが、単純に固体と固体を接触させても固体電解質を用いた電池内では図5-2に示すように固体と固体の完全な接触は難しい。固体と固体の接触は点接触となる。このような場合に大きな抵抗が観測されることになり、電池を作製することが難しい。図5-3[18]のような接触を実現するには、何等かの界面形成技術が必要であり、このことが全固体の製造上重要な点となっている。界面積の効果を示す例として図5-4に示すような二種類の電極を作製し、そ

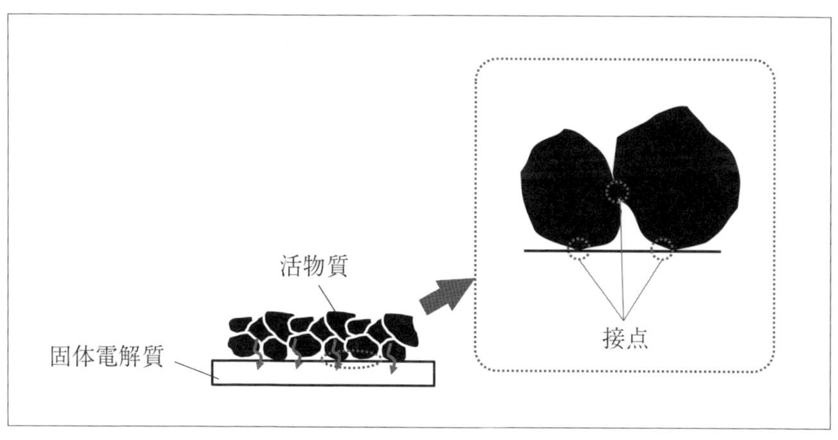

〔図5-2〕固体 - 固体接触

〔図5-3〕理想的な正極電解質界面接触

の電気化学インピーダンスを測定した結果を図5-5に示す。二つの電極の違いは固体電解質と活物質の界面量にある。小さな界面量の電極の電気化学的なインピーダンスは非常に大きく、界面量の大きな電極ではインピーダンスは小さくなっている。界面量を求めた単位面積当たりのイ

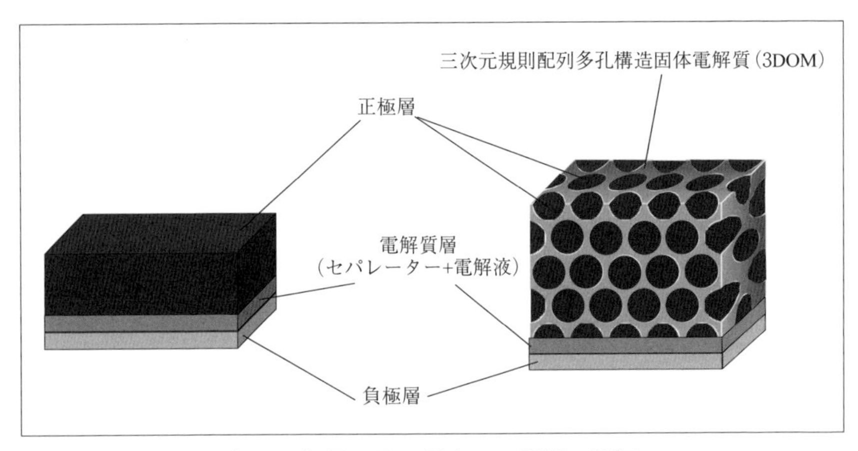

〔図5-4〕界面量の異なる二種類の電極

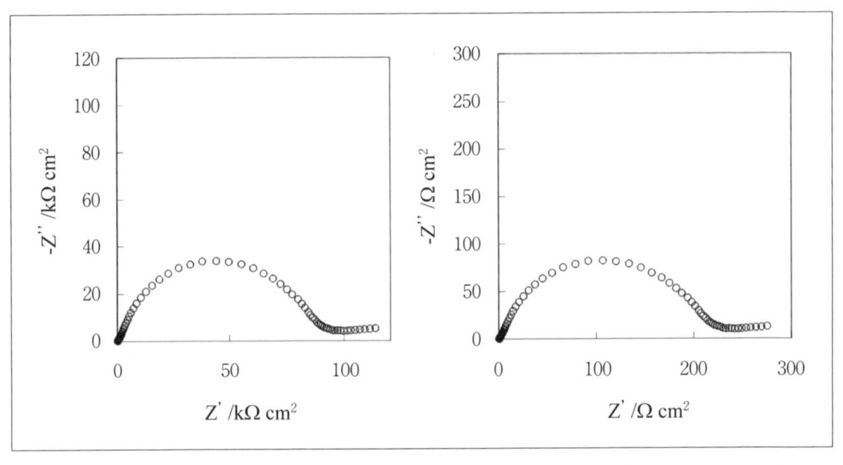

〔図5-5〕界面量の異なる二種類の電極を用いた全固体電池のインピーダンススペクトル

ンピーダンスを計算すると、両電極において大きな差はなく、ほぼ同じである。固体系の電池の場合、いかに界面形成が重要であるかを示す一例である。ここで用いた手法に関しては後述する。

5－2　全固体電池のエネルギー密度・出力密度

全固体電池のエネルギー密度と出力密度については既に議論したが、今後の展開を含めて、再度ここで詳細に記述する。全固体電池のエネルギー密度を決定する要因は活物質の理論容量密度、固体電解質の使用量とその密度、電池のケース、集電体、電極タブなどである。セルのエネルギー密度がこれらの因子で決定される。例えば表 5-1 に示すようなセル構成に基づいて全固体電池を作製したとする。電池容量は 25 A h とする。その場合に必要な活物質量は正極及び負極において 165.7 g と 71.3 g となる。実際の正極には固体電解質粉体を混合するため、正極重量及び負極重量は 184.2 g と 75 g となる。ここで、正極及び負極の面積を 280 cm^2 とすると、25 A h の容量にするには正極と負極は 30 枚ずつ必要である。固体電解質のみで形成されるセパレーター部分の厚みを 50 μm と仮定した。ラミネートケースを使用し、集電体にはアルミニウム箔と銅箔を正極と負極に使用するとした。これらに基づいて、電池の

〔表 5-1〕全固体電池の構成

部材	諸物性			
正極	150 mAh g^{-1}	正極 30 枚 (正極 1 枚あたり 0.83 Ah) 固体電解質：正極 =1:9	正極一枚当たり 6.14 g 正極層の厚み 50 mm	184. 2 g 厚み 0.15 cm
負極	372 mAh g^{-1}	負極 30 枚 (負極 1 枚あたり 0.83 Ah) 固体電解質：負極 =0.5:0.95	負極一枚当たり 2.50 g 負極層の厚み 30 mm	75 g 厚み 0.09 cm
固体電解質	50 mm	280 cm^2　1.4 cm^3 密度 2.5 g cm^{-3}　30 枚	電解質シート 一枚当たり 3.5 g	105 g 厚み 0.15 cm
Cu 集電体	10 mm 厚み	280 cm^2　0.28 cm^3 密度 8.94 g cm^{-3}　15 枚	負極一枚当たり 2.5 g	37.5 g 厚み 0.15 cm
Al 集電体	10 mm 厚み	280 cm^2　0.28 cm^3 密度 2.7 g cm^{-3}　15 枚	正極一枚当たり 0.76 g	11.4 g 厚み 0.15 cm
ラミネートケース	600 cm^2	100 mm　密度 1 g cm^{-3}		6 g 厚み 0.02 cm

重量と体積を計算すると320 gと200 cm^3となる。電池が保有する電気量は25 A hで電圧は3.7 Vとするとこの電池が有するエネルギー量は92.5 W hとなる。したがって、エネルギー密度は重量当たりあるいは体積当たりで289 W h kg^{-1}と463 W h L^{-1}となる。実際には、これらの値の80 %程度が実エネルギー密度になる。重量エネルギー密度はそれほど大きくないが体積エネルギー密度は比較的大きい。固体であるため、電極および電解質部分の密度が高いためである。

セルのエネルギー密度は、思ったほどリチウムイオン電池に比べて高くなるわけではない。しかし、セルを寄せ集めて作製するモジュールについて検討すると事情は異なる。図5-6に全固体電池を用いたモジュー

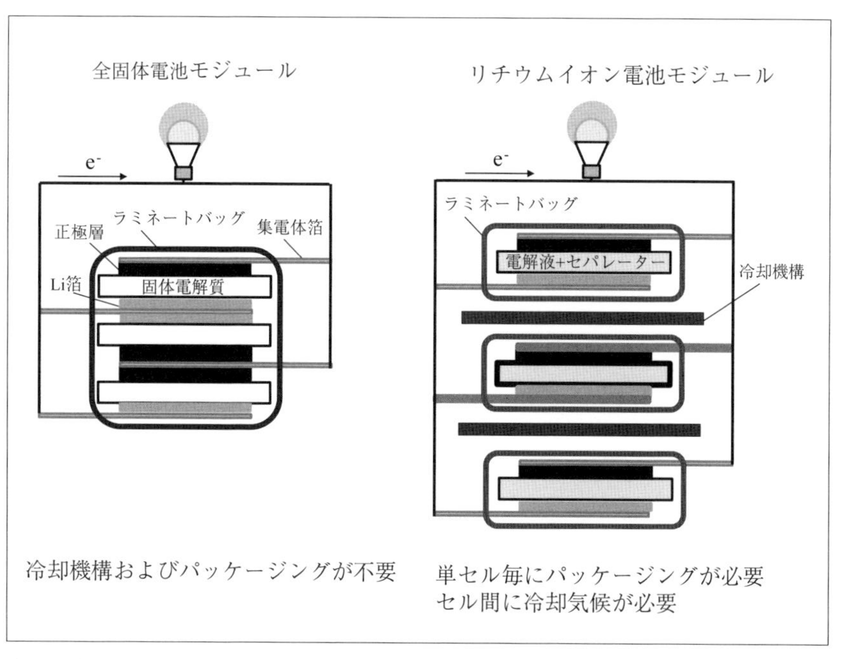

〔図5-6〕全固体電池のモジュールスタック（リチウムイオン電池のモジュールと比較）

ル蓄電池と通常のリチウムイオン電池を用いたモジュール蓄電池の概要を示す。全固体電池では温度が高くても電解質が安定であり問題はないが、リチウムイオン電池の場合セル温度が高くなると急激に容量が減少したり安全性が損なわれたりする可能性がある。そのため、図5-6に示すようにリチウムイオン電池を用いたモジュールでは空冷あるいは水冷のための空間が必要である。固体電池ではそのような空間は必要ない。そのため、モジュール蓄電池のエネルギー密度を比較すると体積当たりでは固体電池の方が有利となる。重量当たりでも、電池の安全性を担保するための余分な部材がいらないので、固体電池の方が有利となるであろう。エネルギー密度は固体電池の方が理論的に有利である。出力密度に関しては、電池のエネルギー密度との関係があるので一概には言えない。理想的な状態を考えると既に述べたように、Li^+ イオンの輸率が1である固体電解質を用いた方が、同じ出力密度を達成すると仮定すると、液系電解質の場合に比較してより厚い電極を使用することが可能となる。そのため、エネルギー密度のさらなる向上が期待される。固体電解質の場合には、固体と固体の接触の問題が解決されているなら厚めの電極を使用できるのでエネルギー密度は大きくなる。固体電解質中のイオン移動が Li^+ イオンのみに限られている点が重要である。また、硫化物系固体電解質の中には液系電解質系よりも高い Li^+ イオン伝導性を示すものもあり、高エネルギー密度と高出力密度の両立が全固体電池に期待される。

5－3　全固体電池の界面

5－3－1　正極と固体電解質の界面

正極活物質と固体電解質の詳細な界面は硫化物系固体電解質と酸化物系固体電解質で異なる。硫化物系固体電解質の場合には、電極の作製方法は機械的なプレスになる。この方法では硫化物系固体電解質が圧力により変形することでリチウム含有遷移金属酸化物に密着して界面を形成する。図5-7[19]にそのようにして作製した電極の断面写真を示す。走査型電子顕微鏡のレベルでは比較的良好に接触しているように見える。しかし、界面形成には原子レベルの接触が求められるので実際にどのような状況になっているのかは明確ではない。界面モデルを描画すると図5-8のようになる。計算科学により界面の状態に関して提案されている。この界面をよぎってLi^+イオンが移動して電荷移動が生じる。硫化物系の固体電解質が酸化物系正極活物質と直接接触している場合、界面で硫化物と酸化物の反応が生じる可能性がある。界面で化学反応が生じるとLi^+イオンの移動を阻害する界面層が生成する可能性がある。このような現象を防ぐとともにより円滑なLi^+イオンの移動を実現するために、活物質の表面を異なる酸化物で被覆することが提案されている。$LiNbO_3$を用いることでより円滑なLi^+イオンの移動、すなわち電荷移動反応をスムーズに行うことができる。固体電解質と正極活物質の割合は1 : 9や2 : 8にしないと電極容量を高くすることができないので、固体電解質粉体と正極活物質粉体の分散状態も非常に重要である。硫化物系固体電解質の場合には、活物質表面に固体電解質を被覆することが行われている。これにより本来なら30 %程度の体積比率で固体電解質を混合しないと固体電解質の連続層は生成しないが、被覆した粒子を使用するこ

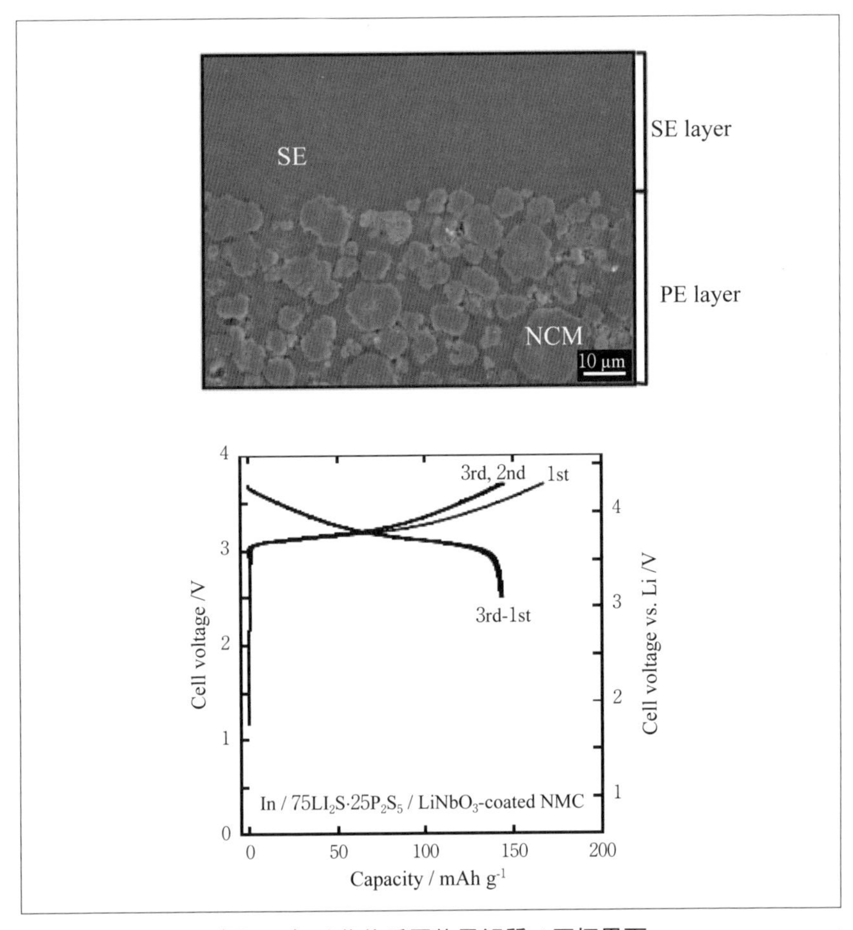

〔図 5-7〕硫化物系固体電解質 / 正極界面

とで少ない量の固体電解質を用いて正極層内部のよりよい Li^+ イオン伝導性パスの形成ができる。このイオン伝導性マトリクスの評価に関しては、迷路係数の算定が有効である。迷路係数は理論的に予想されるイオン伝導度と実際の正極層のイオン伝導度の比から計算される。完全なイオン伝導性マトリクスが形成されていれば迷路係数は1に近い値になる

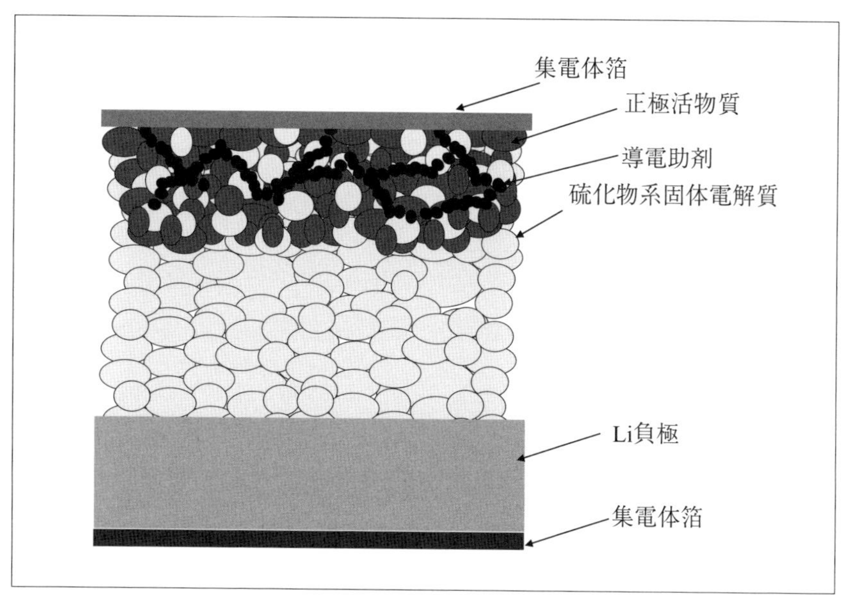

〔図 5-8〕硫化物系固体電解質 / 正極界面モデル

べきである。しかし、実際には 1 以上の値となる。可能な限り 1 に近い値を実現することが、よりよい電極作製につながる。酸化物系固体電解質を用いた場合、正極も酸化物であるので、化学反応は生じにくい。したがって、硫化物系よりもより安定な界面形成が可能である。しかし、硫化物系固体電解質の場合と異なり圧力を用いて酸化物と酸化物のより良い接触を形成することは困難である。これまでに、酸化物系固体電解質と正極活物質を混合して、その後で焼結する方法が提案されている。図 5-9 に固体電解質と正極を混合して作製したペレットの断面写真とそのペレットを熱処理した断面写真を示す。明らかに熱処理により電極層は緻密化し走査型電子顕微鏡写真で見る限り、十分に正極活物質と固体電解質が接触しているように見える。この写真では 700 ℃程度の温度によ

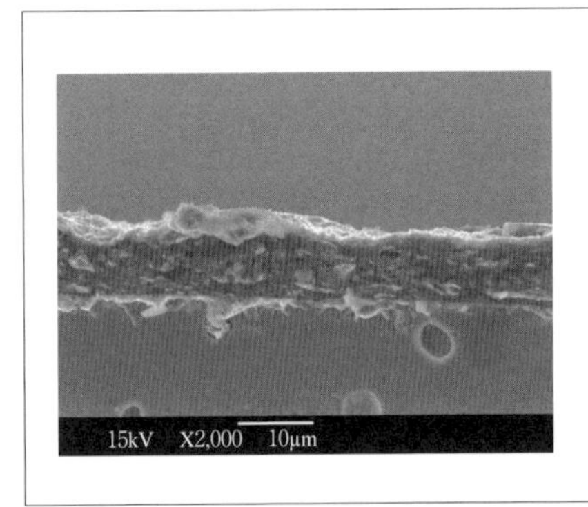

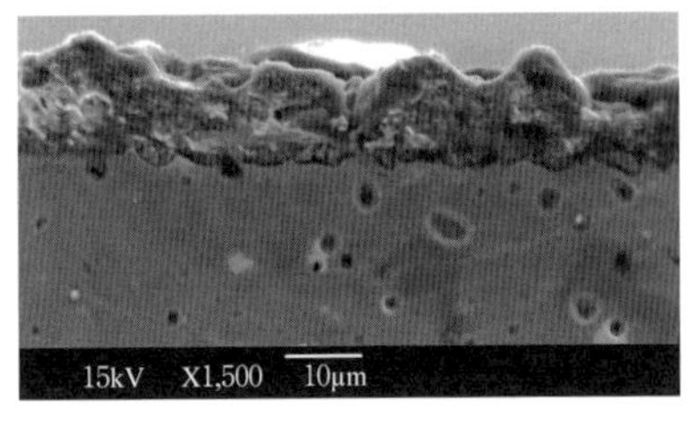

〔図5-9〕酸化物系固体電解質／複合正極界面（ADのSEM像）

り固体電解質相が焼結し、その結果として高密度な正極層が形成されている。ここで、注意しなければならないことは、この熱処理温度において正極活物質と固体電解質が反応しないことと、この温度で固体電解質の焼結が起こることである。このような条件を満たす正極活物質と酸化物系固体電解質の選択が重要となる。酸化物系固体電解質の場合にも正極層内で多くの固体電解質を使用すると電極の容量密度が低下し、結果的に電池のエネルギー密度も低下するため、正極層内で使用する固体電解質量は可能な限り少なくしなければならない。酸化物系固体電解質の場合にも硫化物系固体電解質と同様に正極活物質表面への固体電解質の被覆が有効である。比較的可塑性の高い材料で比較的低温で焼結できるような固体電解質を正極表面に被覆することで、電極の焼結後に高いイオン伝導層を形成できる。また、焼結により界面接触がよくなり、Li^+イオンの界面移動も円滑に行えるようになる。

硫化物系固体電解質も酸化物系固体電解質も正極活物質の表面へのこれら電解質のコーティングにより、可能な限り少ない量の固体電解質を用いて優れた電解質・電極界面を形成し、電極層内の高いLi^+イオン伝導性を確保できる。

作製した正極層は電池の充放電に伴って変形する可能性がある。この点も正極層内部の界面接触に大きな影響を与える。なぜならば、正極活物質内部のLi^+イオン量が変化すると正極活物質の体積が変化するからである。正極活物質が膨張・収縮するので、その結果として固体電解質との接触が緩み十分なLi^+イオンの移動が阻害される可能性がある。この現象は全固体電池のサイクル寿命に関係しており、固体電解質の可塑性に依存すると思われる。硫化物系固体電解質の場合には本質的に柔らかい材料で変形もしやすいので、サイクル寿命の観点からは望ましい電解質である。酸化物系固体電解質の場合には正極層には可塑性の高い材料を用いることが重要である。

5－3－2　負極と固体電解質の界面

負極にはリチウムイオン電池型で作製する場合には黒鉛系炭素材料やチタン酸化物系材料やシリコンなどがあり、リチウム金属電池型で作製する場合にはリチウム金属を負極に用いることになる。リチウムイオン電池型の場合には負極活物質は粉体であるので、状況は正極と同じである。硫化物系固体電解質を用いる場合には、その可塑性の為に比較的界面形成がしやすいが、炭素材料との反応性に注意する必要がある。また、チタン酸化物系負極の場合にも硫化物系固体電解質との反応性に注意するべきであろう。シリコンを負極に用いる場合には、黒鉛やチタン酸化物を負極に用いる時以上に活物質の膨張・収縮が問題となる。反応性に関しても注意が必要である。酸化物系固体電解質の場合、黒鉛負極やチタン酸化物負極あるいはシリコン負極を用いる場合に負極層を形成するための固体電解質の選定が重要となる。基本的には可塑性を十分に有する固体電解質材料を選定することになる。

リチウム金属を負極に使用する場合、硫化物系固体電解質も酸化物系固体電解質も負極と電解質の界面は単純な面になるので、面と面の接触をどのようにして確保するかが重要課題である。界面積の量は少ないので十分な接触が求められる。硫化物系固体電解質の場合も酸化物系固体電解質の場合もリチウム金属との接触が問題である。硫化物系固体電解質の場合には固体電解質の組成の最適化により接触性に優れた界面形成が可能である。一方、酸化物系固体電解質を用いる場合には固体電解質の成分に依存してリチウム金属との反応性も問題となる。固体電解質の成分としてTiを含む材料が多いが、Ti^{4+}イオンは容易に還元されるためリチウム金属との反応性が問題となる。$La_{0.57}Li_{0.29}TiO_3$（LLTO）に代表される固体電解質の場合、正極には問題なく適用できるが負極にリチウム金属を使用する場合には何らかの中間層を設ける必要がある。ちなみに、炭素系負極やシリコン系負極を用いる場合にも問題となる。Li^+イオン伝導性を有しリチウム金属に対しても安定な固体電解質として$Li_7La_3Zr_2O_5$（LLZO）が報告されている。非常に優れた材料であり、現在の酸化物系固体電解質に関する研究はこの材料を用いたものが多い。LLZOは優れた電池用電解質材料であるが、Laを含んでおり塩基性の強い材料となっている。そのために、空気中の二酸化炭素を吸収し表面が炭酸化している場合がある。表面に存在する不純物がリチウム金属との接触を妨げる。そのため、リチウム金属負極とLLZO電解質の界面の接合には工夫が必要である。図5-10[20]には表面処理などの特別な処置を施していない場合のリチウム金属とLLZOの接触の様子を示しており、リチウム金属がLLZO表面上で濡れることがないことを示している。全固体電池作製時にはこの問題の解決が必要となっている。

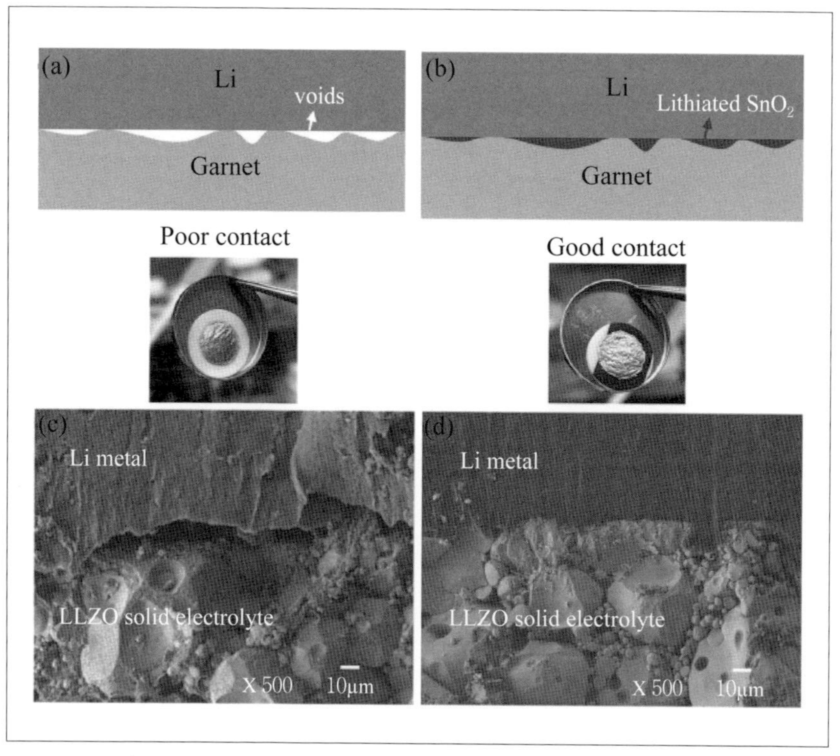

〔図 5-10〕リチウム金属とLLZO電解質の接触のようす

6.

固体電解質

6－1　硫化物系固体電解質

表6-1[21]に、これまでに提案されてきた硫化物系固体電解質とそのLi^+イオン伝導性について示す。10^{-3} S cm^{-1}程度のLi^+イオン伝導性を有する材料がいくつかあり、アルジロダイトはその中でも高いLi^+イオン伝導性を示す。10^{-2} S cm^{-1}はLi^+イオン伝導性としてはとびぬけて大きく有機系の非水電解液よりも大きなイオン伝導性を示している。図6-1にアルジロダイトの結晶構造を示す。図6-2[22]に硫化物系固体電

〔表6-1〕主な硫化物系固体電解質のLi^+イオン伝導率

固体電解質材料	イオン伝導率 S cm^{-1} @ R.T.
$Li_{10}GeP_2S_{12}$	1.2×10^{-2}
$Li_{3.25}Ge_{0.25}P_{0.75}S_4$	2.2×10^{-3}
$Li_6PS_5C_l$	1.3×10^{-3}
$Li_7P_3S_{11}$	1.7×10^{-2}
$70Li_2S-30P_2S_5$	1.6×10^{-4}

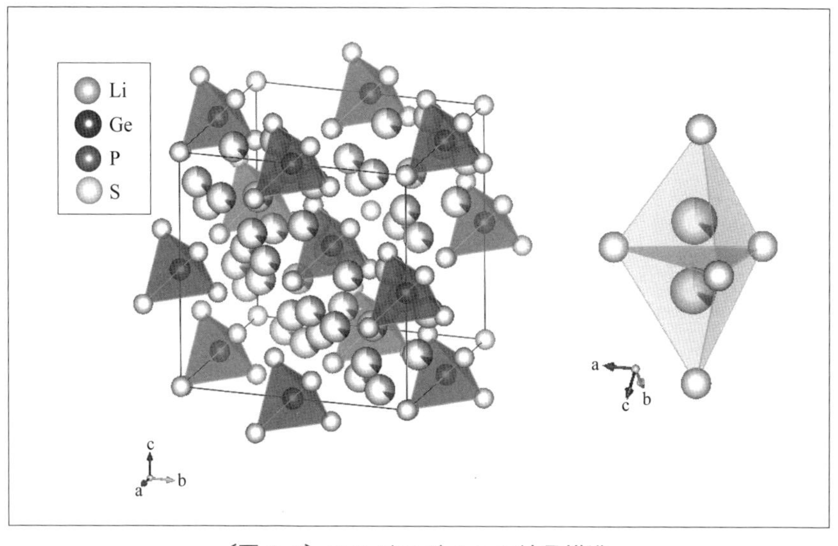

〔図6-1〕アルジロダイトの結晶構造

解質の Li^+ イオン伝導性の温度依存性を示す。アレニウスプロットの形で表記した。この結果から Li^+ イオン伝導の活性化エネルギーは小さく、構造内部においてポテンシャル障壁の小さい移動経路が存在していると考えられる。硫化物系固体電解質には非晶質なものと結晶性のものがある。実際に固体電池で使用されている電解質は非晶質部分と結晶性部分を同時に有する結晶化ガラスである。結晶相は非常に高いイオン伝導性を有しており非晶質部分との協調的な相互作用により全体としても高いイオン伝導性を有しているものと思われる。現時点においても硫化物系固体電解質の改良が進められており、10^{-1} S cm^{-1} 程度の電解質ができると、全固体電池の特性は大きく変貌するであろう。いずれにしても、

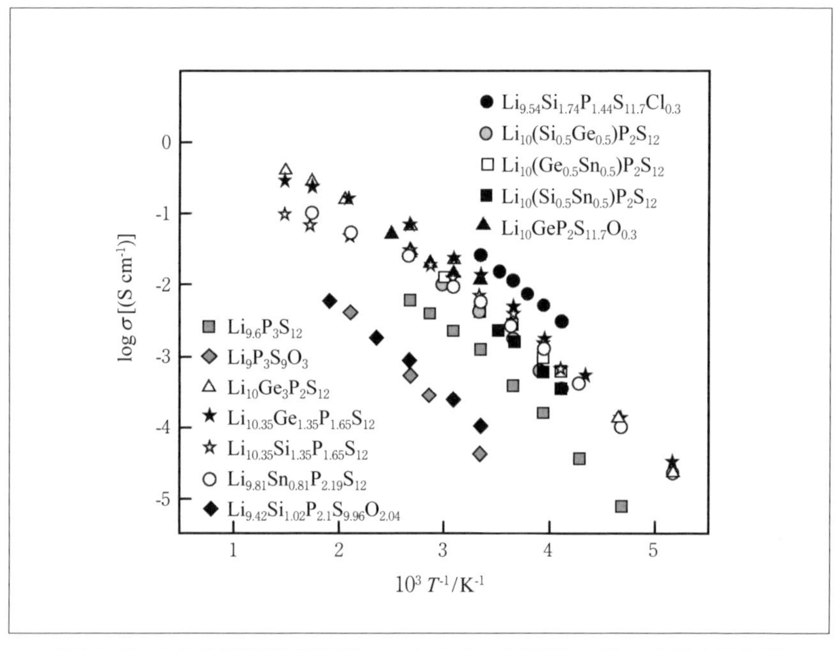

〔図 6-2〕硫化物系固体電解質の Li^+ イオン伝導性に対する温度依存性

非常に興味深い材料であり、本材料を用いることで高速に充放電できる電池を作製できる可能性がある。全固体電池は材料面からは決して非水系の電解質を用いた電池に劣るものでないことがこれらの値から読み取れる。高い Li^{+} イオン伝導性は S^{2-} イオンのソフトな性質によるものである。硫化物は比較的安定な材料ではあるが反応性も高い。例えば、空気中の水分と容易に反応するため取り扱いには注意を要する。特に、水分と反応して H_2S を発生する場合があり、電池の製造時や電池が破損した場合などに問題となる。H_2S の発生を抑制した硫黄系固体電解質の開発が求められている。Sn を含む材料系で H_2S の発生が大きく抑制されることが分かっているが、Li^{+} イオン伝導性は低くなる。

硫化物系固体電解質の多くはメカニカルミリング法により作製される。メカニカルミリング法では例えば、Li_2S と P_2S_5 を混合して遊星ボールミルを用いて機械的な圧力をかけて物質と物質を反応させる。ボールミル中ではさらに熱が局所的に発生し反応を助長する。遊星ボールミル時の反応過程が X 線回折法などにより調査されている。図 6-3 に Li_2S と P_2S_5 をボールミルした際の X 線回折パターン変化 [23] を示す。メカニカルミリング法により作製される試料の多くは非晶質的な性質を有する材料である。この材料を熱処理することで一部を結晶化することができる。その結果、結晶化ガラス状態の固体電解質を得ることができる。実験的に材料を作製する上では問題ないが、大量に材料を製造する場合には問題である。メカニカルミリング自体の改良ないしは新しい合成方法の検討が必要である。また、電極作製時に使用する硫化物系固体電解質とセパレーターとなる部分に使用する固体電解質はその特性が異なる。同じ材料であっても粒径分布や形状が異なる。それぞれに最適な材料製造も必要となる。今後、実電池の作製においてはこれらの点を考慮した検討が求められる。

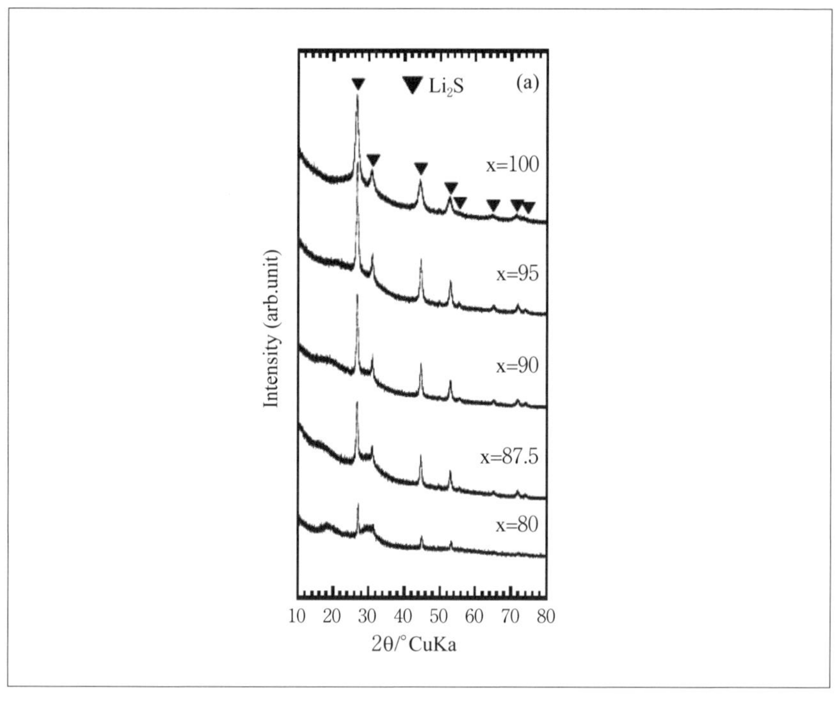

〔図 6-3〕硫化物系固体電解質をメカニカルミリング法で調整した際のＸ線回折パターン

6－2　酸化物系固体電解質

上述したように全固体電池おいて初めて使用された固体電解質がLIPONである。LIPONはリチウム金属に対して安定であり、PVD法により容易に薄膜を作製することができるため、固体電池の研究の導入時期によく使用されてきた。しかし、表6-2[21]に示すようにLi^+イオンのイオン伝導性は10^{-6} S cm^{-1}程度であり、大きいとは言えない。その後、表6-2に示すような種々の固体電解質が作製されてきた。ペロブスカイト構造を有するLLTOは10^{-3} S cm^{-1}以上の高いLi^+イオン伝導性を有している。また、$Li1_{+x}Al_xGe_yTi_{2-x-y}P_3O_{12-}AlPO_4$（LATP）も高い$Li^+$イオン伝導性を有する材料として開発されてきた。空気中でも安定で優れたイオン伝導性材料である。図6-4にこれらの材料のイオン伝導性の温度依存性[24]を示す。直線の傾きからLi^+イオンの移動に対する活性化エネルギーが求められる。0.3～0.5 eVであり、硫化物系固体電解質材料と比較すると大きな値であるが、十分にイオン伝導体として機能しており全固体電池の材料として使用できる。図6-5に固体電解質の安定性を調べるためにサイクリックボルタンメトリーを実施した結果を示す。電気化学的にどの範囲で安定なのかを見極める実験である。Li金属基準で約1.5 V付近に明確な酸化・還元対がみられる。この酸化・還元ピークはTiの酸化・還元でありLLTOはこの電位以下で動作するリチウム金

〔表6-2〕種々の酸化物系固体電解質のLi^+イオン伝導率

固体電解質材料	イオン伝導率 S cm^{-1} @ R.T.
$Li_{1.3}Al_{0.3}Ti_{1.7}(PO_4)_3$	7.0×10^{-4}
$La_{0.5}1Li_{0.34}TiO_{2.94}$	1.4×10^{-3}
$Li_7La_3Zr_2O_{12}$	5.1×10^{-4}
$Li_{2.9}PO_{3.3}N_{0.46}$	3.3×10^{-6}

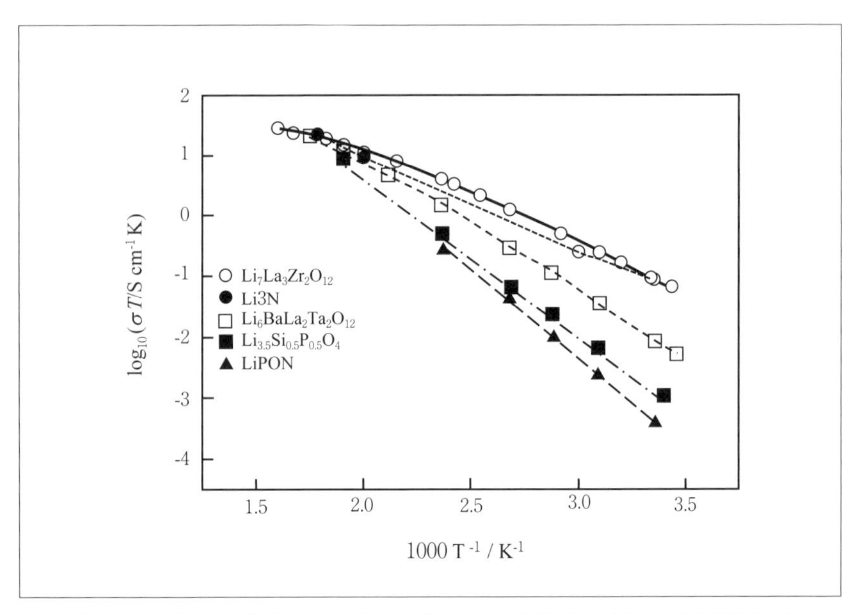

〔図 6-4〕酸化物系固体電解質の Li^+ イオン伝導性に対する温度依存性

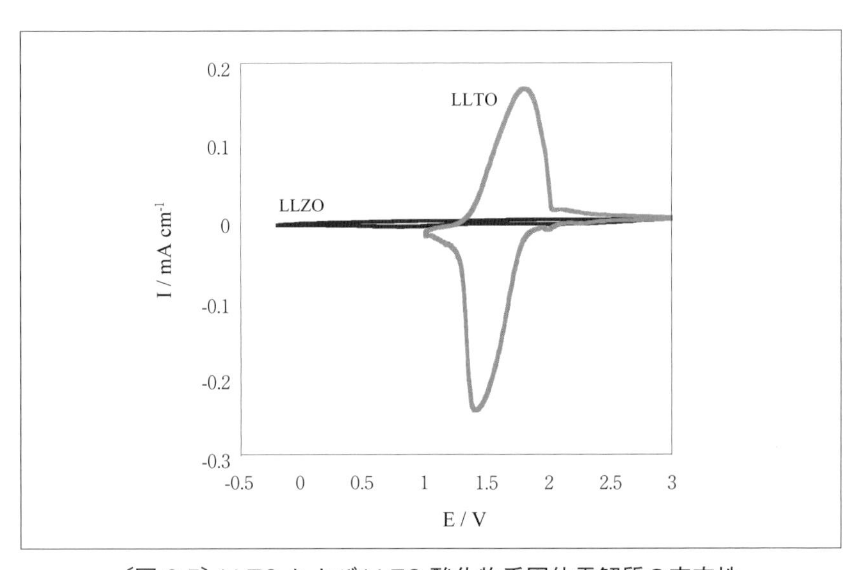

〔図 6-5〕LLTO および LLZO 酸化物系固体電解質の安定性

属などの負極を使用することはできない。LATP に関しても同様の電気化学的な反応が観測され、Ti を含む固体電解質の問題点となっている。新規固体電解質としてガーネット型の結晶構造を有する LLZO が見いだされた。結晶構造を図 6-6 に示す。Li^{+} イオンが移動できる経路が確保されており 10^{-3} S cm^{-1} 程度のイオン伝導度を有する。図 6-5 にこの電解質の安定性を試験した結果を示す。リチウム金属の析出・溶解電位から Li に対して 5 V 以上まで安定である。La も Zr も酸化・還元しないことを示している。また、LLZO を用いたリチウム金属二次電池が 1 年以上安定に作動することが図 6-7 に示されている。リチウム金属負極をそのまま使用できる固体電解質である。LLZO には正方晶と立方晶が存在し、立方晶が L^{i+} イオンの高伝導結晶相である。室温では正方晶が安定であるため、立方晶の安定化にはドーパントが有効となる。Al、

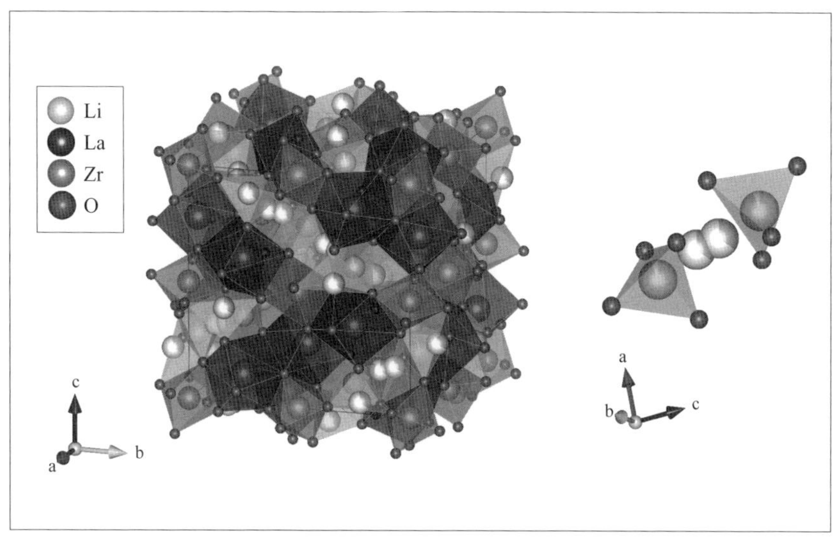

〔図 6-6〕LLZO の結晶構造

Ta、Nb などの元素がドーパントして用いられている。Al をドープした材料の組成は $Li_{6.25}Al_{0.25}La_3Zr_2O_{12}$ となり、イオン伝導性は 10^{-3} S cm^{-1} に近い値を示す。Ta ドープによりさらにイオン伝導性は向上するが、Ta は高価なドープ元素であるので電解質のコストが高くなる。Nb ドープによってもイオン伝導性は改善されるが、リチウム金属との反応性が高くなり、負極にリチウム金属を使用できなくなる。実用的には Al ドープしたものが最も有望であり、この固体電解質のイオン伝導性を向上させることが重要である。

LLZO 固体電解質粉末を焼結して LLZO ペレットを作製し電池に使用する。作成した電池の充放電を図6-7に示す。1年間安定に作動している。図6-8に示すようなセルを構成するにはLLZOペレットが不可欠である。LLZO 粉体の焼結条件は大変難しく、95 % 以上の高密度の焼結を行うことが難しい。その要因は粉末表面の炭酸化にある。炭酸塩が混入している場合、焼成時に二酸化炭素になり気体が発生する。発生した気体に

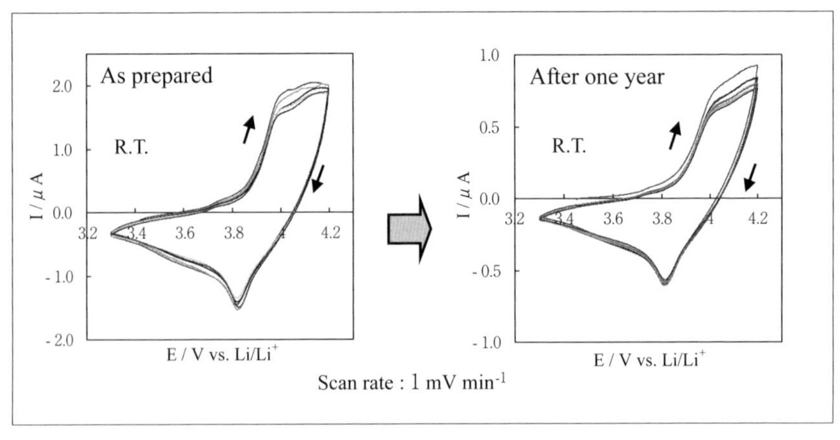

〔図 6-7〕LLZO の安定性

よりペレット内部でクラックが生じ焼結しにくくなる。また、多くの気泡が焼結体内部に残存するなどの問題が生じる。図 6-9 に LLZO を焼結したペレットの断面写真 [25] を示す。丸く孔の空いた部分には気体が

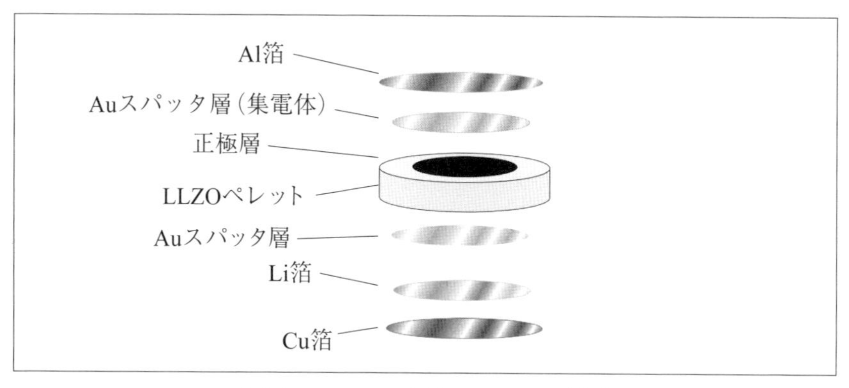

〔図 6-8〕LLZO を用いたセルの構成

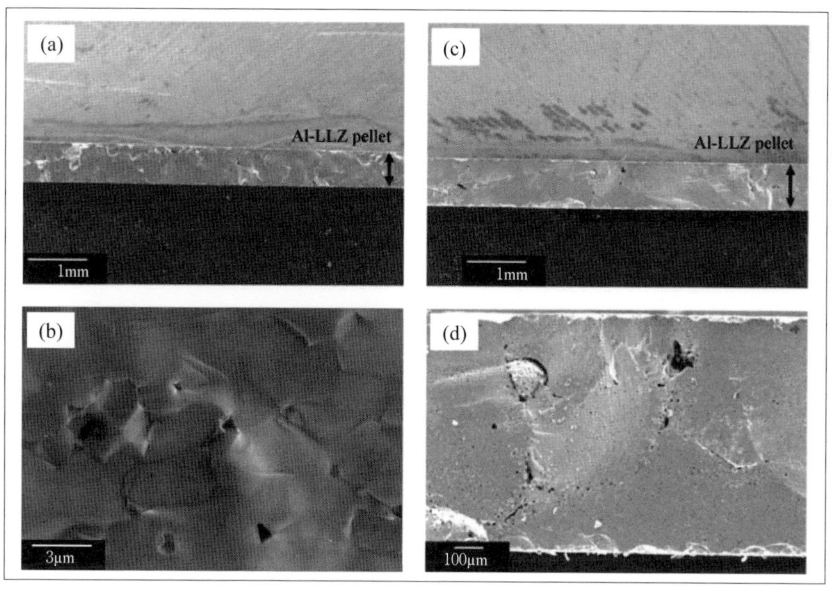

〔図 6-9〕LLZO 焼結体ペレットの断面 SEM 像

存在していたと推測される。このようにLLZOの焼結には炭酸塩の除去が重要である。そこで、図6-10[26]に示すような昇温プロファイルを用いる必要がある。このプロファイルではLLZO粉体をプレス成型したものを一度900 ℃で加熱し炭酸塩を分解する。分解した後に焼結が生じる温度1150 ℃に昇温することで気泡跡の少ない焼結体を得ることができ、95 % 以上の焼結密度を有するLLZOペレットを作製することができる。図6-11に炭酸塩を除去して作製されたペレットのLi^{+}イオン伝導性[27]を示す。Alドープしたものであり、10^{-3} S cm^{-1}近くの導電

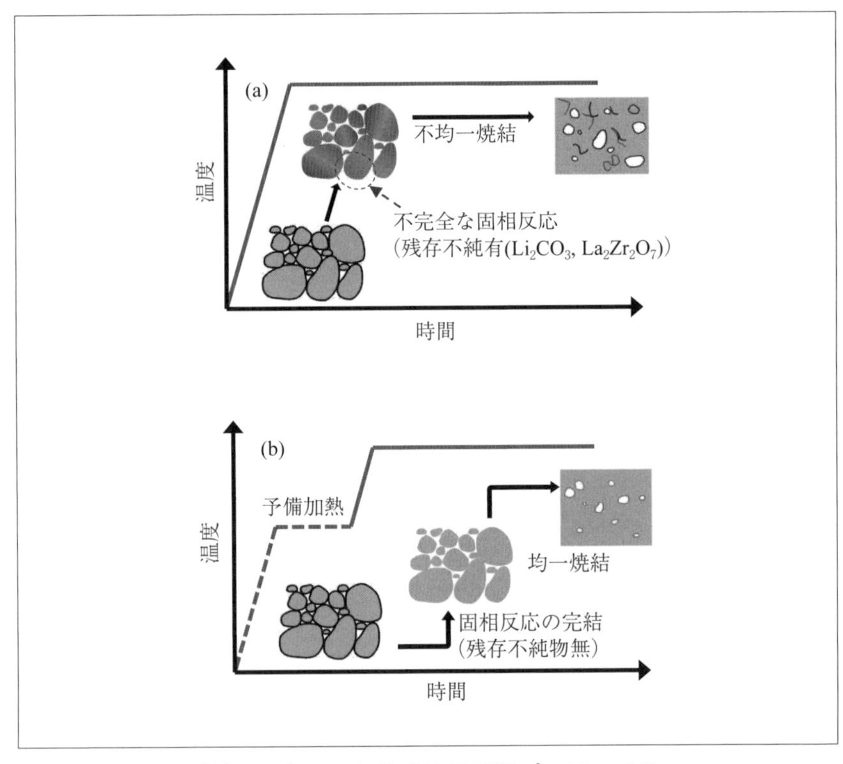

〔図6-10〕LLZO焼成時の昇温プロファイル

性を有している。

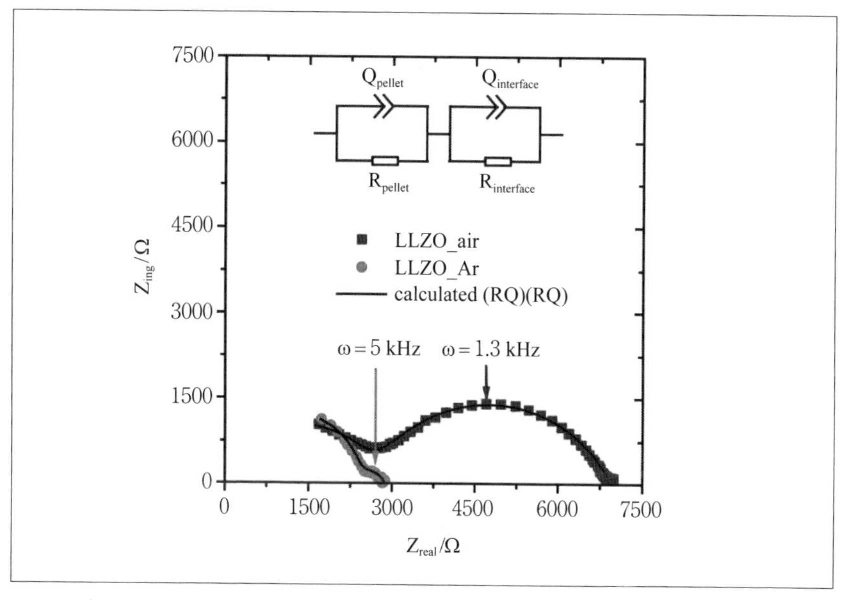

〔図 6-11〕炭酸塩を除去して作製した LLZO の Li^+ イオン伝導性

7. 固体電池の作製方法

7－1　硫化物系固体電解質電池

硫化物系固体電池の作製では既に述べたように圧力により変形する硫化物系固体電解質の性質を利用して電池の作製を行うことができる。正極活物質あるいは負極活物質と硫化物系固体電解質粉末を均一に混合した後に集電体上にプレス成型して電極が作製される。電子伝導性を付与する場合には炭素粉体などを添加することになる。セパレーター部分は固体電解質のみとなる。液系電解質を使用したリチウムイオン電池と大きな違いはないが、電解質が固体であるため電気化学反応界面を人工的に創生することが求められる。

7－1－1　正極層の形成

硫化物系固体電解質を使用した電池の正極活物資としては $LiCoO_2$ や $LiNi_{0.5}Mn_{0.3}Co_{0.2}O_2$ が用いられてきた。これら以外にも $LiFePO_4$ などの使用も検討されてきた。また、固体電解質の高い耐酸化性を考えると充放電電圧が 4.5 V 以上の正極活物質の使用も考えられる。$LiNi_{0.5}Mn_{1.5}O_4$ は 4.7 V 程度の電圧で動作するが、このような正極材料の検討も重要である。硫化物系固体電解質と高電圧系の正極活物質との化学反応に関しても十分に注意を払わなければならない。正極活物質の表面の安定化には既に紹介したように中間層の形成が有効である。硫化物系固体電解質に対して安定でありかつ正極活物質との反応性がない物質の選定が必要である。酸化物と酸化物の化学的な反応は生じにくいが硫化物と酸化物の反応は熱力学的に起こってもおかしくないので、このような正極表面の改質は硫化物系固体電解質の正極を作製する上で必須と思われる。コーティング層の厚みは数 nm 程度が好ましい。あまりに厚いコーティング層は電極反応を阻害する可能性があるため、好ましくない反応を抑制できる最低の厚みで被覆することが必要である。そのため、正極活物質への中間層の被覆には、気相反応を利用した方法が適している。被覆する酸化物の前駆体などを正極粉体と一緒にアルコールなどの溶液に分散し加熱・噴霧・乾燥を行うことで、粒子表面にコーティングする。図 7-1 にパウレック社のコーティング装置 [28] を例として示す。

正極活物質の中で最も期待されている材料が三元系正極であり、その中でも Ni の含有量の大きなものが期待されている。Ni の含有割合が 80％以上のものが好まれる。230 mA h g^{-1} 程度の容量密度を有する正極である。正極を作製する場合、固体電解質粒子と一緒にプレス成型する。その際に、電子伝導性マトリクスとイオン伝導性マトリクスが均一に分散して生成

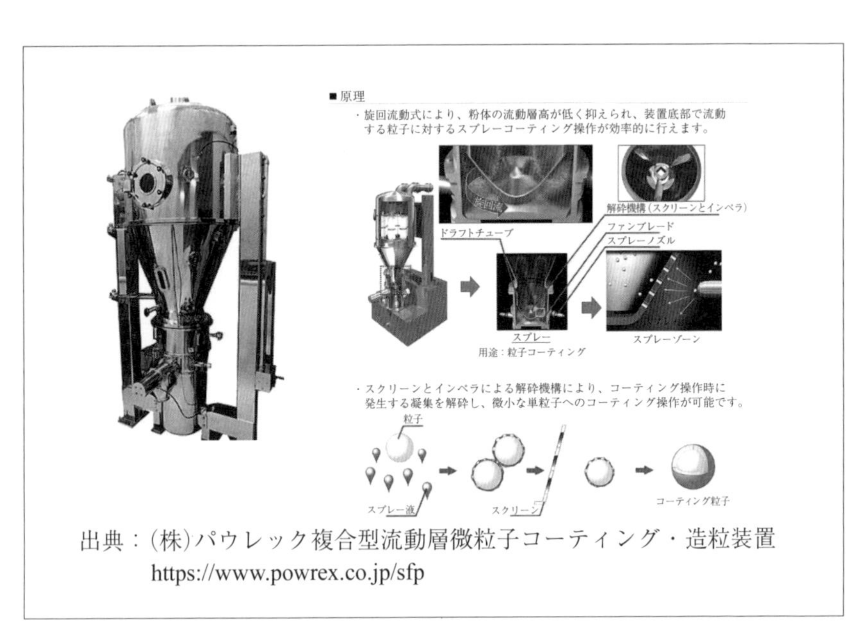

出典：(株)パウレック複合型流動層微粒子コーティング・造粒装置
https://www.powrex.co.jp/sfp

〔図 7-1〕パウレック社 噴霧式コーティング装置

することが求められる。理想的な正極層の構造モデルを図7-2に示す。ここで、正極層の容量は正極活物質の容量密度だけでなく、添加する硫化物系固体電解質の量に依存する。イオン伝導性マトリクスを損なわない範囲で硫化物系固体電解質の量を減らしたい。そのためには単純に硫化物系固体電解質と正極活物質（酸化物）を混合するのではなく正極活物質の表面に硫化物系固体電解質を被覆した粒子を用いることで最小限の電解質量で電極作製ができる。また、電極内の反応界面を確実に創製できる。図7-3に硫化物系固体電解質をコーティングした正極活物質粒

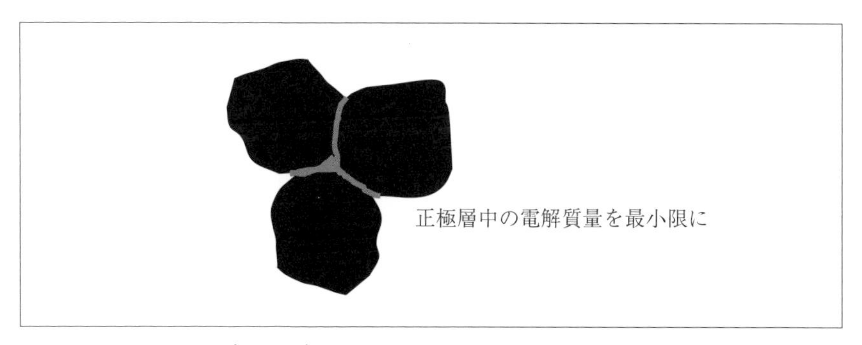

〔図7-2〕理想的な正極層の構造モデル

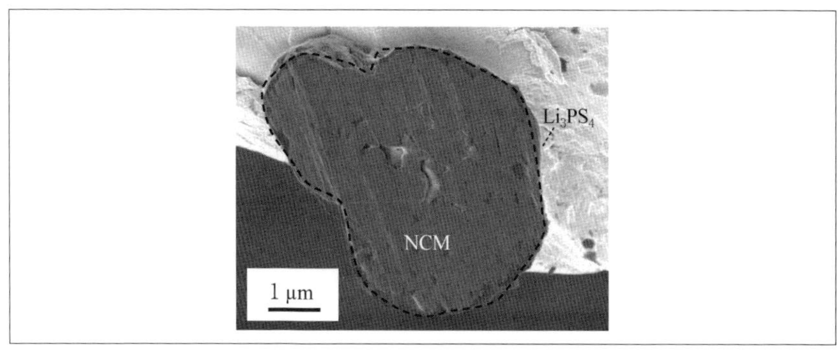

〔図7-3〕硫化物系固体電解質をコーティングした正極活物質粒子の電子顕微鏡（SEM）写真

子の電子顕微鏡写真 [29] を示す。コーティング法には何種類かの方法がある。最も単純な方法は正極活物質粒子と硫化物系固体電解質粒子に機械的エネルギーを加えてメカノケミカル的反応を起こしながら混合しつつ被覆する方法である。正極活物質と硫化物系固体電解質の粒径比を十分に考慮する必要がある。基本的に、正極活物質粒子の方が固体電解質粒子よりも大きくないといけない。このような物理的な方法とは異なる化学的な方法が見出されている。硫化物系固体電解質 Li_6PS_5Br はアルコールに溶解する。図 7-4 にエタノールに溶解した状態の写真を示す。均一にエタノールに硫化物系固体電解質が溶解している様子が分かる。この溶液を粒子にコーティングしながら溶媒であるエタノールを蒸発させると粒子の表面に固体電解質をコーティングすることができる。このようにして作製した電極の断面写真を図 7-5 に示す。均一に固体電解質と正極活物質が分散した電極が作製できている。この電極の充放電挙動を図 7-6 [30] に示す。室温において充放電が可能となっている。正極と

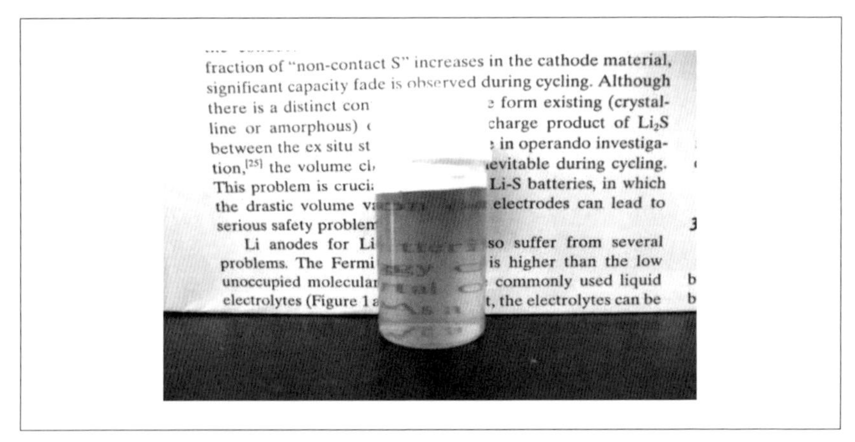

〔図 7-4〕エタノールに溶解した Li_6PS_5Br

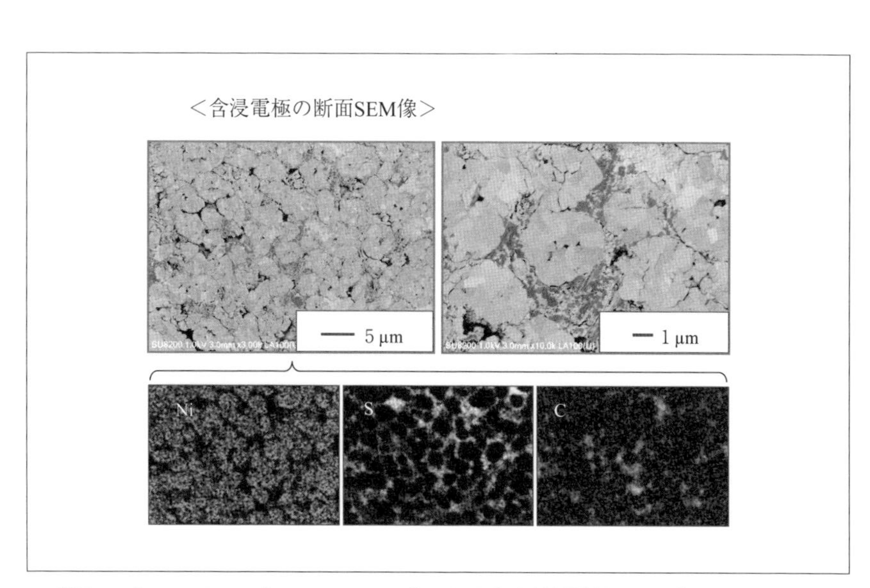

〔図 7-5〕Li_6PS_5Br をコーティングした正極活物質粒子の断面 SEM 写真

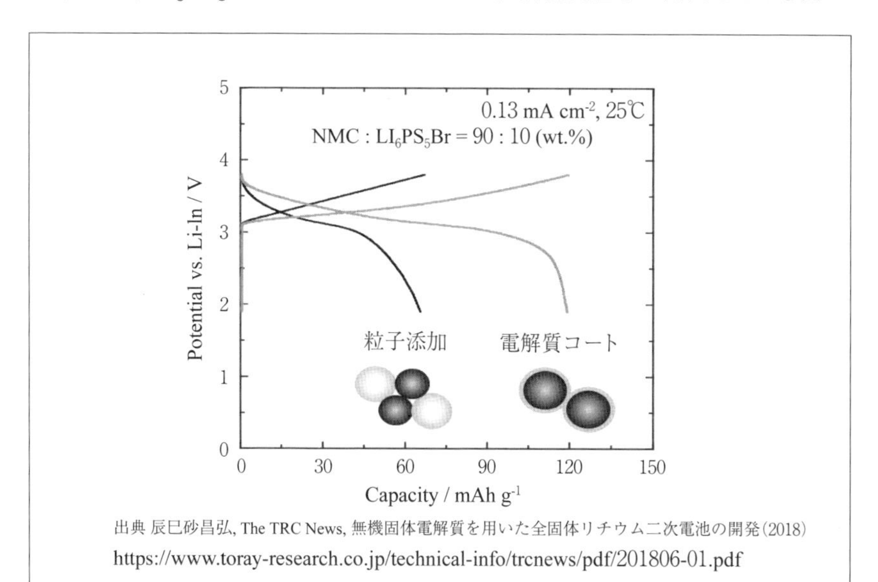

〔図 7-6〕Li_6PS_5Br をコーティングした正極を用いた充放電挙動

して十分に機能している。ちなみに、先ほど述べた固体電解質が溶解したエタノール溶液を作製した正極層に導入して乾燥するとさらに微小な隙間に固体電解質を挿入することができ、より高い電極特性を実現することができる。

全固体電池用正極層の作製方法として考えられているのは、リチウムイオン電池と同じような工程である。正極活物質に中間層をコーティングした材料と硫化物系固体電解質を溶媒に分散して作製したスラリーをアルミニウム箔集電体上に塗布・乾燥し、最終的にプレスして電極を作製するプロセスである。場合によっては、バインダーや導電剤を添加することもあるだろう。このようにして作製した電極特性は実験室で作製し十分な圧力をかけて作製した電極とは異なる。同じように作製していても電極内部のマイクロ構造は異なる。実生産用のプロセスでは電極の密度の低下が懸念される。電極の厚みに関しても電池設計に依存して変化するが、50～100 μm前後の電極になると思われる。大量生産に近い形で電極作製がなされたことはなく、プロトタイプの生産の前の段階にあるといえる。今後の基礎的な開発研究が進展し、早く実生産プロセスに移行することが求められる。

正極活物質として硫黄正極の研究も進展している。硫黄系材料には純粋な硫黄を正極とする場合と遷移金属硫化物を使用する場合がある。エネルギー密度を考慮すると硫黄単体を正極に使用する方が有利である。硫黄系固体電解質にとっては硫黄系材料が正極であることでより安定な界面形成が可能となる。優れた充放電の可逆性が期待される。図7-7に硫黄を正極に用いた電池の充放電サイクル特性[31]の例を示す。2000サイクルにわたって安定に硫黄電極が動作しているが、実験室レベルの

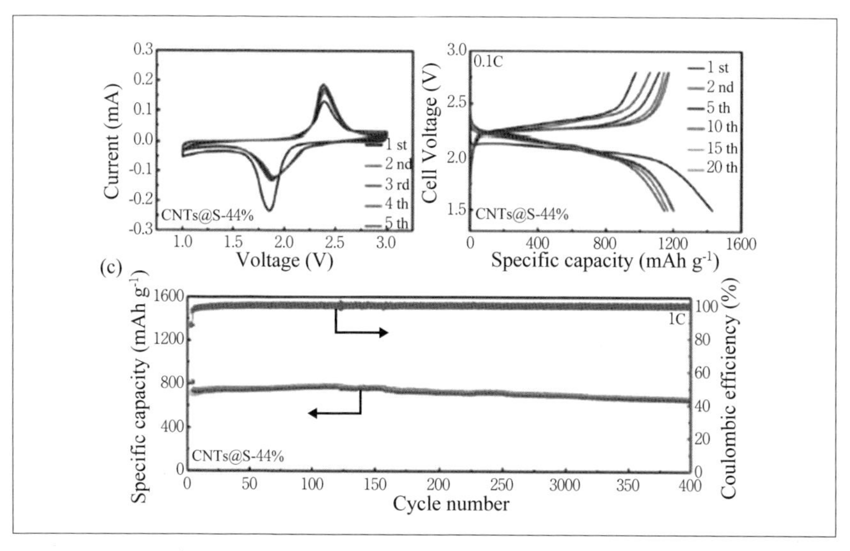

〔図 7-7〕硫黄正極を用いた電池のサイクル特性

セルで特性評価のため、実使用になると問題も生じるであろう。

7－1－2　電解質層の形成

正極層と負極層の中間に位置する固体電解質層は緻密でイオン伝導性が高く、正極あるいは負極とは反応しないことが求められる。正極では酸化反応が生じる可能性があり、負極では還元反応が生じる可能性がある。硫化物系固体電質の場合、4.0 V で動作する正極に対しては化学的にも電気化学的にも安定であるが、負極がリチウム金属の場合には化学的に反応する。黒鉛負極の場合と同様に還元される可能性がある。実際に、硫化物系固体電解質が還元されると Li_2S が界面に生成し、抵抗層になる可能性もある。あるいは、電解液系でみられるように固体電解質界面相（Solid Electrolyte Interphase, SEI）が形成されれば、還元反応は抑制され充電・放電が可能となる。黒鉛負極を使用する場合、電極の実行表面積が大きくなるので、SEI 生成が生じて界面抵抗が大きくなっても電極としては充放電可能となるが、負極層の最表面と電解質層の最表面の部分においてSEIが生成すると大きな抵抗になる可能性もある。今後、正極層および負極層と電解質層の界面に関する研究が必要になる。

電解質層の厚みは現時点では 100 μm ぐらいある場合もある。電解液系のリチウムイオン電池を参考にすると、セパレーター部分の電解質層の厚みは 20 μm 程度あるいはそれ以下でなければならない。これ以上の厚みの電解質層を使用すると大きな抵抗になる。したがって、実電池では薄い電解質層を形成することが求められる。かなり薄い電解質層であり機械的な強度が問題になる。電池製造時に電極を積層する際の製造プロセスを検討する必要がある。いずれにしても、リチウムイオン電池で採用されている巻回式を用いることはできない。したがって、図 7-8 に示すような積層方式が必要となる。20 μm の固体電解質層を硫化物系固体電解質のみで作製することはできるが、電池の作製時に割れたり、ひびが入ったりする可能性が高い。高分子系のバインダーを用いる方法も検討する必要がある。

固体電解質層の密度は電池の特性に大きな影響を与える重要なパラメーターとなる。固体電解質層の Li^{+} イオン伝導性は電解質層の密度が高い方がより高くなる。可能な限りプレスにより密度を高くすることが必要である。プレスにはロールプレスや一軸プレスがあるが、静水圧プレス（Cold Isotactic Press, CIP）が最も適した手法である。CIP を利用して固体電質層を大量に作製するには、大型の CIP 装置が必要である。セラミックスの成型では大きなものも作製するので、それらを応用することになる。

電解質層の機械的な安定化の方法として、図 7-9 に示すようなマトリクスを使用する方法も提案されている。ポリイミドなどの熱的にも機械的にも優れた特性を有するエンジニアリングプラスチックで図 7-10[30] に示すようなマトリクスを作製し、マトリクス内の孔に硫化物系固体電解質を充填しプレスすることで電解質層を形成する方法である。プラスチックマトリクスと一緒にプレス成型することでフレキシブルな電解質層を形成することができる。このようにして作製した電解質層を用いてリチウムイオン電池を作製することができる。機械的な強度が問題となる薄膜の硫化物系固体電解質シート作製には有効な手段と言える。

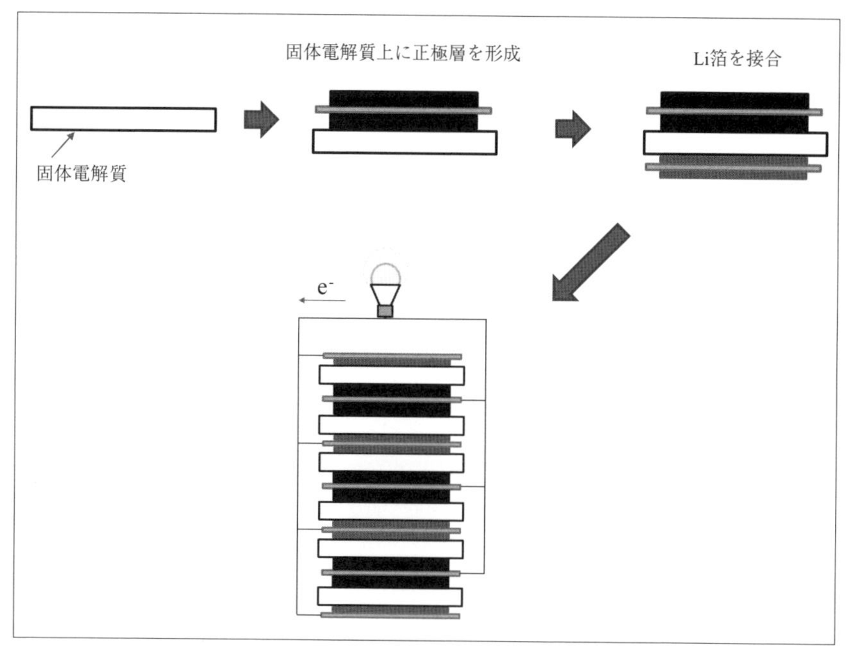

〔図 7-8〕積層式全固体電池のモデル

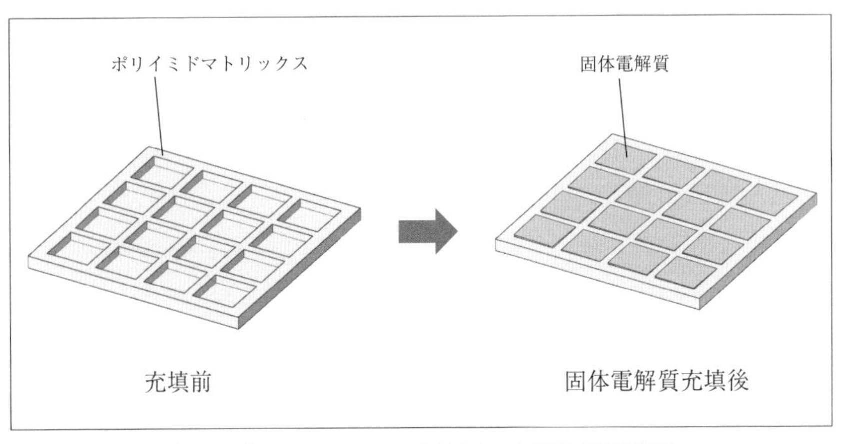

〔図 7-9〕マトリックスを使用した固体電解質層

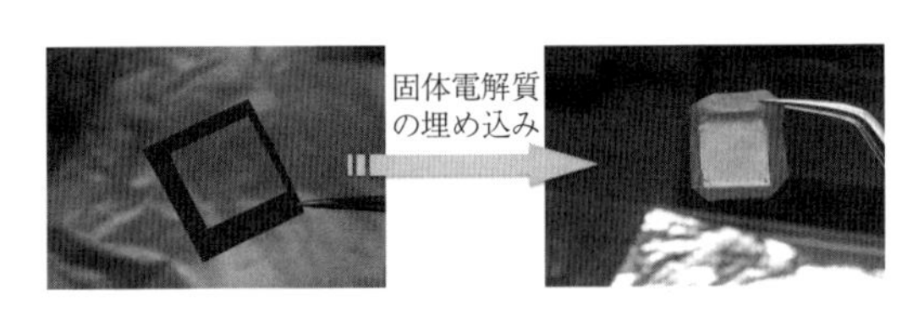

出典 辰巳砂昌弘, The TRC News, 無機固体電解質を用いた全固体リチウム二次電池の開発(2018)
https://www.toray-research.co.jp/technical-info/trcnews/pdf/201806-01.pdf

〔図 7-10〕ポリイミドを用いたマトリックス

7－1－3　負極層の形成

炭素系負極を用いる場合には、正極層の作製と同様に炭素系負極材料と硫化物系固体電解質の粉体を均一に混合し集電体となる銅箔上にプレス成型することになる。黒鉛を負極に用いる場合、電子伝導性マトリクスは黒鉛のみで十分であるし、イオン伝導性も非常に大きいので少量の固体電解質の添加で済む。黒鉛負極の充放電の例 [32] を図 7-11 に示す。可逆的に充放電を行うことができる。その他にも In 金属や Li 金属が負

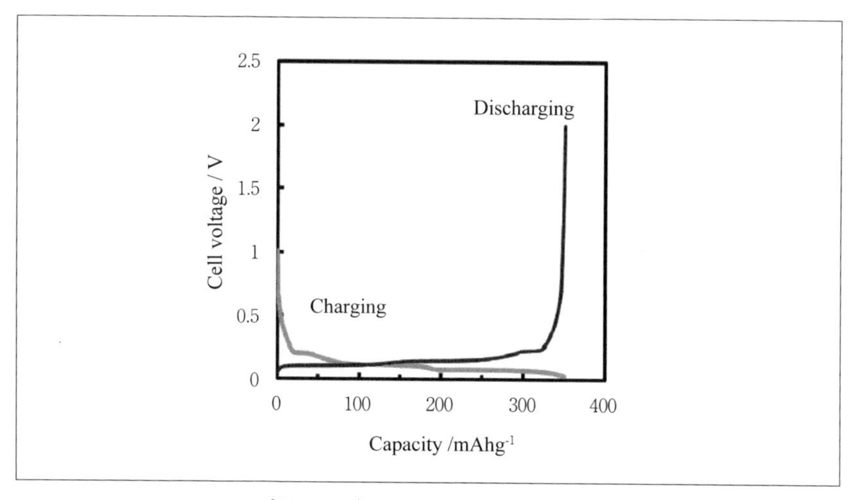

〔図 7-11〕黒鉛負極の充放電例

極材料として用いられてきた。全固体電池のエネルギー密度の向上にはリチウム金属負極を使用することが求められる。リチウム金属負極を用いる場合に二つの大きな問題が残されている。一つは Li 金属負極と固体電解質層の接触部分である。リチウム金属と硫化物系固体電解質の濡れの問題である。上述したように酸化物系固体電解質においても同様の問題が存在する。固体電解質層と Li 金属負極層の接触の改善のために、図 6-8 に示すような金の中間層を設けることが提案されている。金とリチウム金属の合金化により界面での接触が大きく改善され、負極の特性が大きく向上する。この良好な接触はもう一つの問題であるリチウム金属による内部短絡と関係している。接触が不十分である場合、図 7-12 に示すように接触している部分に電流が集中するためにリチウム金属による短絡が生じる。均一な接触が実現されれば短絡現象は緩和される。より均一な接触のためには固体電解質の改善も必要で、LiI の添加により界面接触が大きく改善されることが報告されている。このLiI添加電解質を用いたリチウム金属の溶解・析出を繰り返した際の電圧変化[33]を図7-13に示す。サイクルに伴って電圧は+と−に触れているが、あ

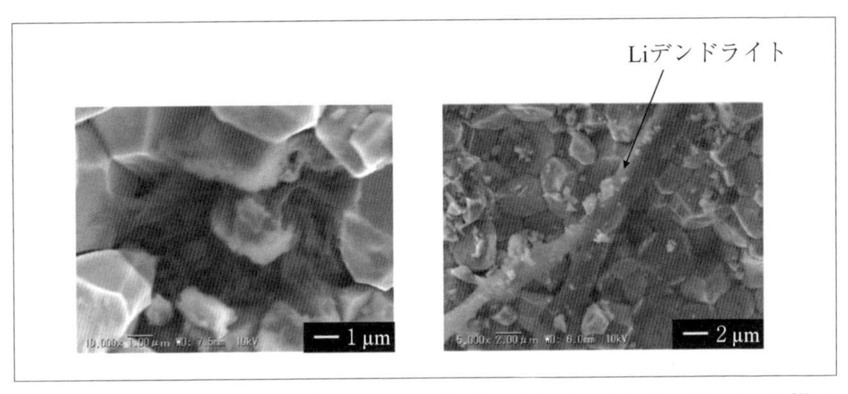

〔図7-12〕硫化物固体電解質/Li金属負極界面で生じたLiデンドライトの様子

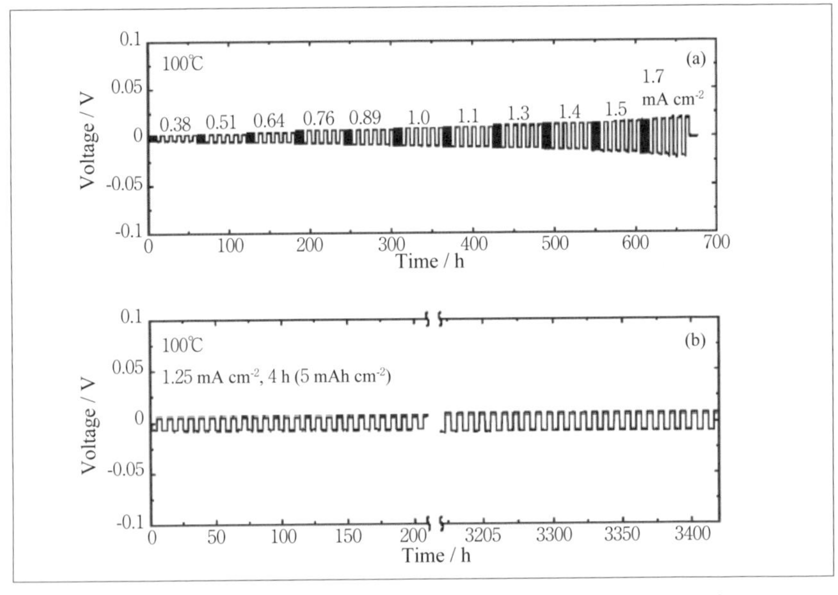

〔図7-13〕リチウム金属の溶解析出挙動に伴うLiI添加の効果

る一定以上の電流値になると急激に電圧が低下している。この時点でリチウム金属による内部短絡が起きている。短絡現象は改善された硫化物系固体電解質とLi金属との界面でも生じており、今後のさらなる工夫が必要となっている。また、電池設計に依存するが短絡最大電流値と単位面積たりの容量の規定が必要である。リチウムイオン電池よりは大きなエネルギー密度を有するリチウム金属全固体電池を作製するには、10 mA cm^{-2}で5 mA h cm^{-2}程度の電流密度と容量密度が一つの基準となる。Li金属を用いた場合に短絡が生じることは容易に理解できるが、炭素系負極を用いてもリチウム金属による短絡現象が生じる。負極層内の電位分布が要因であるが、固体電解質層と負極層の界面部分の電位がリチウム金属の析出電位よりもマイナスになることがある。急速充電を行ったり負極が劣化したりするとこのような現象が生じる。また、低温での充電でも同様の現象が生じる。リチウム金属の発生とそれによる短絡は全固体電池にとって解決しなければならない問題である。

7－1－4　セル

正極活物質層、電解質層そして負極活物質層を積層すれば全固体電池が作製できる。しかし、単純に接触させても各層のイオン伝導層の連結がなされるわけではない。基本的にはセル全体を加圧する必要がある。拘束圧を適切に調整することが求められる。拘束圧は電極の膨張・収縮によるセルの劣化を抑制するためにも不可欠である。数A h～数十A hのセルを用いて拘束圧を調整してモジュールを作製することになる。この点も今後の課題として残っている。

ALCA-SPRINGプロジェクト（JST　プロジェクト）で実施されてきた

硫化物系固体電解質を使用した全固体電池のエネルギー密度の推移を図 7-14 に示す。開発スタート当初はラミネート型の電池を作製することができなかったが、電極層や電解質層の作製技術が進展し、セル作製が可能なった。現時点では全固体リチウムイオン電池としての 200 W h kg^{-1} のエネルギー密度を実現している。自動車用のリチウムイオン電池のエネルギー密度と同程度のエネルギー密度が達成されている。今後、大量生産を考慮した硫化物系固体電解質を用いた全固体電池の製造プロセスの検討が必要である。

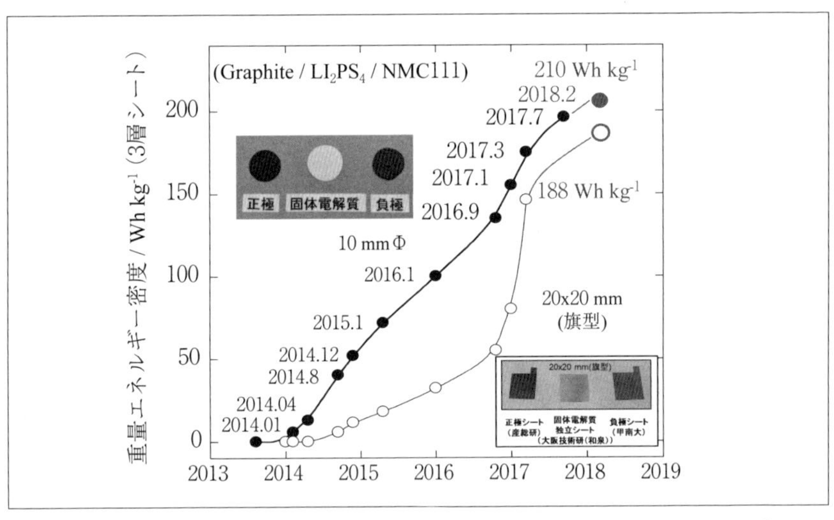

〔図 7-14〕ALCA-SPRING プロジェクトで実施した硫化物系全固体電池のエネルギー密度の推移

7－2　酸化物系固体電解質系電池

酸化物系固体電解質を用いて全固体電池を作製するプロセスは硫化物系固体電解質と同じような問題を抱えている。さらに、酸化物系固体電解質は硫化物系固体電解質に比較して硬く圧力による変形はあまり期待できない。したがって、正極活物質層、負極活物質層、電解質層の作製には何らかの工夫が必要となる。硬い性質は大型のセルを作製する際により大きな問題となる。セルを作製することができても、耐衝撃性や耐振動性において問題が発生する可能性がある。しかし、既に述べたように硫化物系固体電解質に比べて大気中において安定で、仮に反応が生じても有害な揮発成分を発生することがない。硫化物系固体電解質よりも電池の作製は難しいが、取り扱いに優れ安全であることが酸化物系固体電解質を用いた全固体電池の特徴である。

7－2－1　正極層の形成

正極活物質には硫化物系固体電解質を使用した全固体電池と同じく三元系層状酸化物や高電圧系の酸化物正極を使用する。酸化物系固体電解質は硫化物系固体電質よりも電気化学的に安定な範囲が広く、5Ｖ近い電圧を有する正極活物質を使用することができる。固体電解質上に正極層を形成するいくつかの方法がある。焼結法を用いるものが多い。正極活物質の粉体と固体電解質粉体を混合して焼結する。図7-15にその一般的な手順を示す。この方法を用いる場合にいくつかの制約がある。その一つが正極活物質と固体電解質間での反応がないことである。焼結するため高温での熱処理を行う。この際に、両粒子間で反応する可能性が高い。焼結の過程で焼き締まる部分は固体電解質のみで、正極も多少焼結するのが良い。固体電解質の焼結はイオン伝導パスを確保する上で重要であり、正極活物質間の焼結は電子伝導パスを確保する上で重要である。固体電解質の焼結温度は物質に依存して異なる。比較的低温で焼結できる固体電解質が有望である。LLZO はリチウム金属と反応しない優れた電解質であるが、その焼結温度は 1150 ℃付近であり、非常に高温である。したがって、LLZO を用いて正極層を構成することは好ましくない。この温度ではほとんどの正極材料が反応する。図 7-16[34] に LLZO といくつかの活物質の反応性を X 線回折で調査した結果を示す。LCO が安定であり、その他の正極材料は 700 ℃の温度でも反応する。リン酸塩化合物である $LiFePO_4$ であっても安定ではない。LLZO 以外の

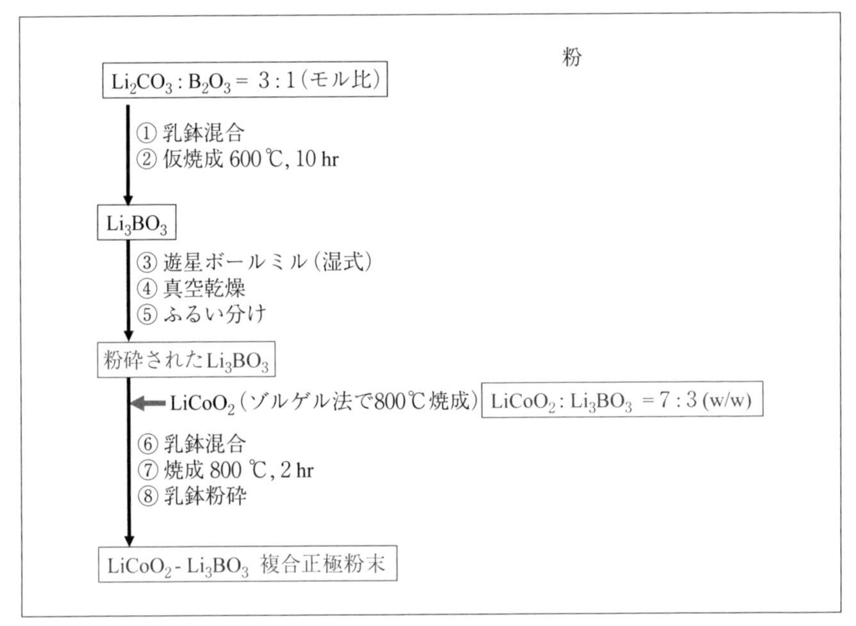

〔図 7-15〕正極活物質粉体と酸化物系固体電解質粉体を混合した複合正極の作製手順

固体電解質が必要である。LLTO や LATP も優れた固体電解質であるが、焼結温度はいずれの場合にも 1000 ℃あるいはそれ以上の温度であり、正極層形成には不向きである。正極層用の固体電解質として Li_3BO_3 が提案されている。10^{-6} S cm^{-1} 程度のイオン伝導度を有している。低い値ではあるものの 700 ℃程度の温度で焼結できるので正極層形成に適合する固体電解質である。Li_3BO_3 と Li_2CO_3 の固溶体なども適合する材料として提案されている。Li_2SO_4 も正極層形成用に使用できる固体電解質である。これらの粉体と正極活物質の粉体を混合して焼結すると図 7-17 に示すような複合正極粒子が得られる。固体電解質と正極活物質粉体を混合してセパレーター部分を構成する固体電解質上に成型し、熱処理を

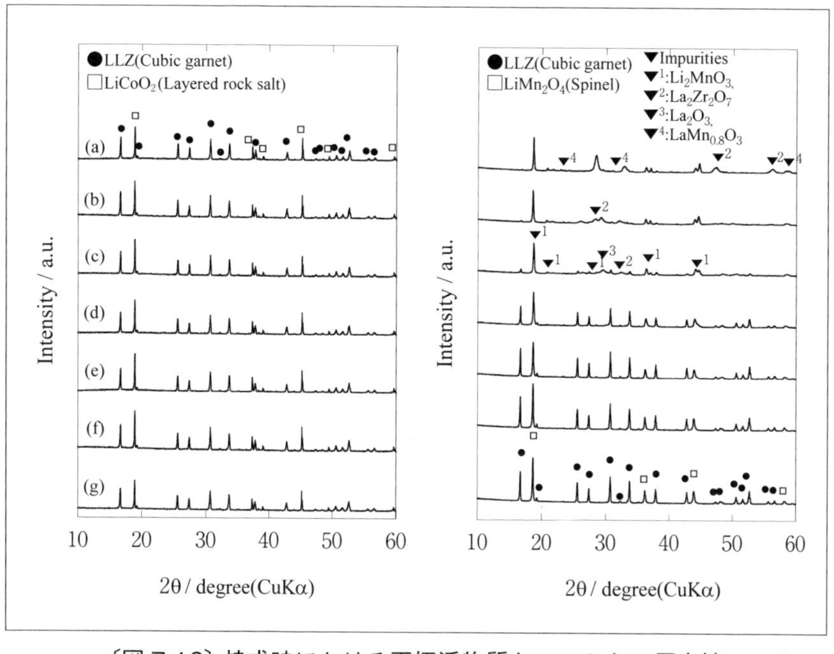

〔図 7-16〕焼成時における正極活物質と LLZO との反応性

行うことになる。ここで提案した材料は比較的低温で焼結できるとともに可塑性にも優れる材料である。しかし、いずれの物質も Li^+ イオン伝導性が低い。今後、可塑性に優れ比較的低温で焼結できる新規固体電解質を見出すことが重要である。

正極層を形成する方法としてエアロゾル析出法が使用されている。活

〔図 7-17〕Li_3BO_3 粉体と正極活物質粉体を混合し焼結した際の複合正極粒子の様子

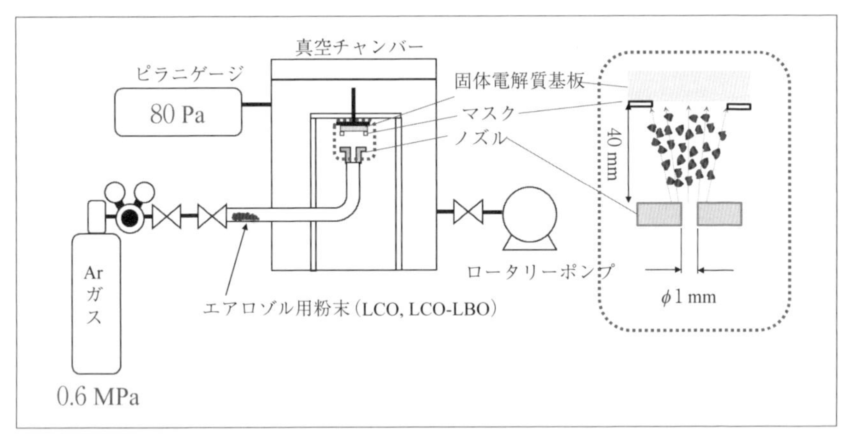

〔図 7-18〕エアロゾル析出法の原理および装置図

物質とLi_3BO_3などの固体電解質を混合してエアロゾル化して高速に噴出して固体電解質基板上に堆積させる方法である。図7-18にエアロゾル析出法の原理と装置を示す。この装置を用いて正極層を作製することができる。実際に作製された電極層の断面写真を図7-19に示す。基板となるLLZO上に正極層が形成されている。この正極層の密度は低く、比較的ボイドが多く存在しているものと考えられる。そこで、この電極層をLi_3BO_3の融点である700℃で熱処理を行った結果を図7-20に示す。

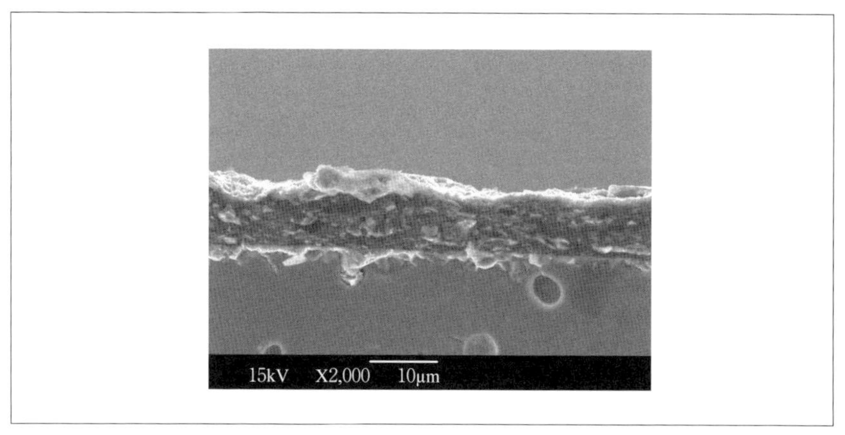

〔図7-19〕エアロゾル析出法で固体電解質上に形成した正極層の断面SEM像

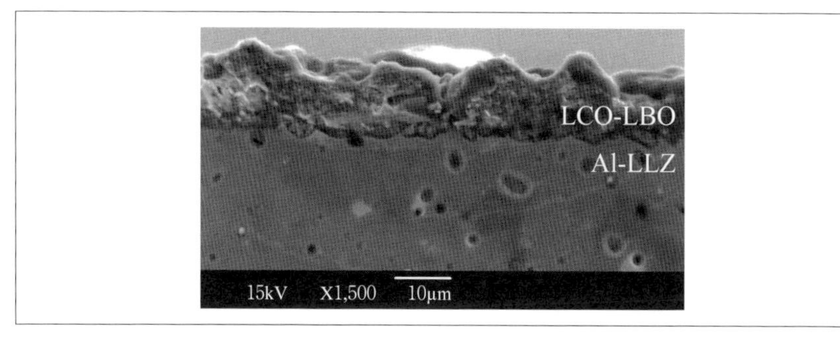

〔図7-20〕エアロゾル析出法で成膜後に700℃で熱処理した正極層の断面SEM像

活物質と Li_3BO_3 の接触がより密になり、正極層の密度も高くなっている。このようにして焼結法とエアロゾル析出法を用いて正極層の作製を行える。できればよりイオン伝導性の高い固体電解質を正極層に用いることが求められる。

7－2－2　電解質層の形成

酸化物系固体電解質の中でリチウム金属や黒鉛負極に対して安定な材料は LIPON や LLZO である。Ti 系の酸化物は既に述べたように還元されやすく負極との接触で電子伝導性を持つ。そのためセパレーター部分には使用できない。LIPON と LLZO を比較すると Li^+ イオン伝導性の点で LLZO の方がよりよい材料である。そのため、世界的に見ても LLZO が研究の中心である。LLZO の焼結に関しては既に述べたとおりである。焼結体を用いて電池を構成するには緻密な焼結体が必要である。焼結条件を最適化することで 95 % 以上の密度を有する固体電解質ペレットを作製することができる。この固体電解質ペレットの両面にリチウム金属を取り付けてリチウム金属の溶解析出を行った際の電圧変化 [35] を図 7-21 に示す。硫化物系固体電解質においてもそうであったが、電流値がある値以上になると短絡現象が生じる。小さい電流値では問題はないが大きな電流値になると短絡する。LLZO の電子伝導のためこの問題はまだ解決されていない。ちなみに、短絡したサンプルの写真を図 7-22[36] に示す。灰色になった部分がリチウム金属でありペレットを貫通している。このような現象がなぜ生じるのかは未だに解明されていない。短絡防止のための工夫を今後考える必要である。

7－2－3　負極層の形成

負極には黒鉛などの炭素系材料とリチウム金属が考えられる。エネルギー密度のことを考慮するとリチウム金属を用いた電池が好ましい。リチウム金属負極を使用する場合、問題点は硫化物系固体電解質と同じであり、固体・固体の界面接触である。図7-23に示すようにリチウム金属とLLZO電解質の濡れ性は悪く中間層が必要である。この場合にも

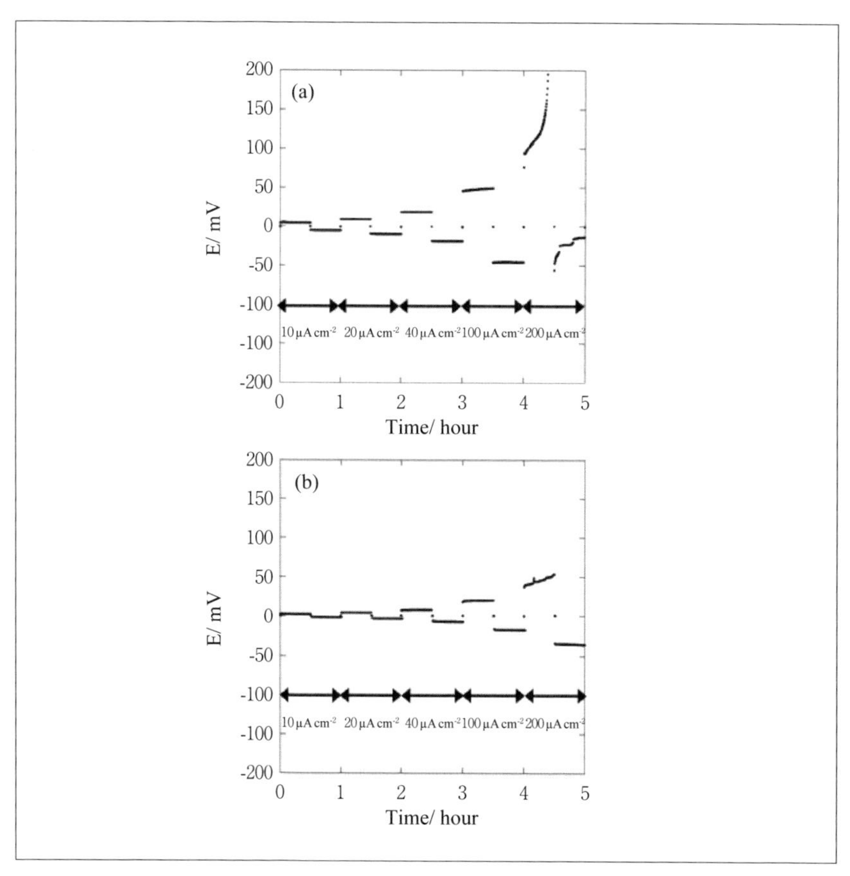

〔図7-21〕LLZO電解質ペレットを用いたLi対称セルのLi溶解析出挙動

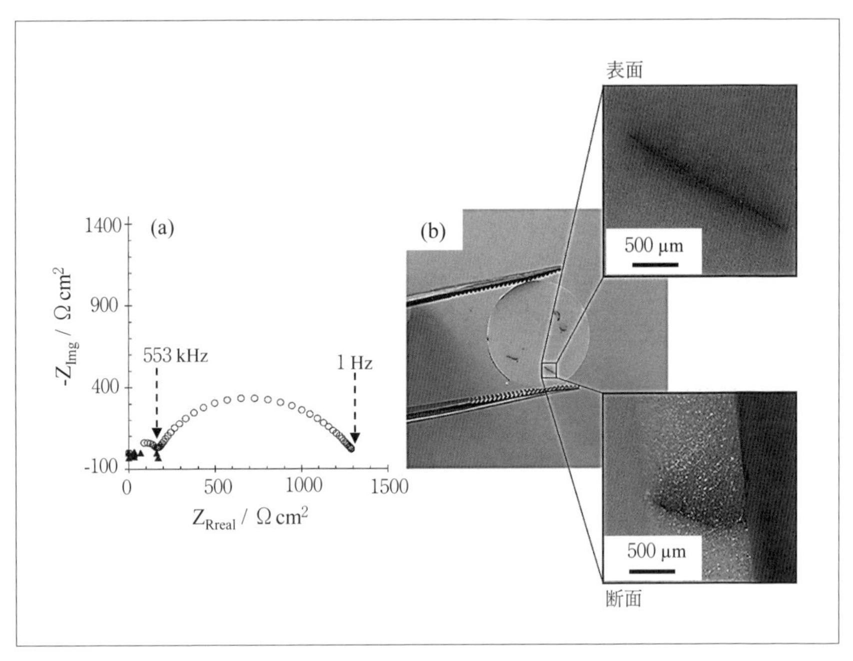

〔図 7-22〕内部短絡したサンプルの写真

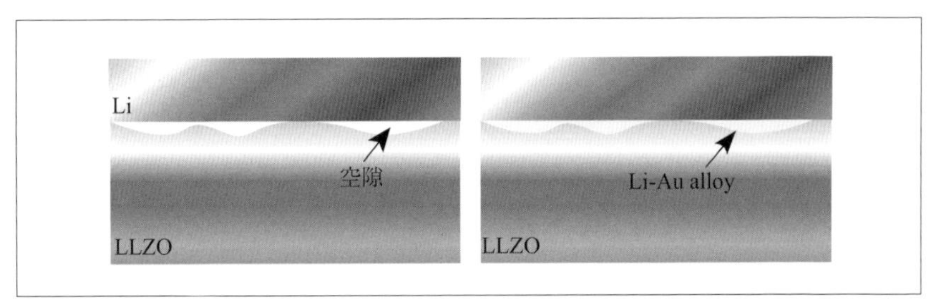

〔図 7-23〕LLZO 電解質に対するリチウム金属の濡れ性

金を中間層として用いることでリチウム金属と接触させると合金化反応が進行しその結果として界面接触を大きく改善することができる。図 7-24 に中間層の金層の膜厚と界面抵抗の関係を示す。この結果より、金層が 50 nm 程度あれば十分な接触が得られることが分かる。NMC な

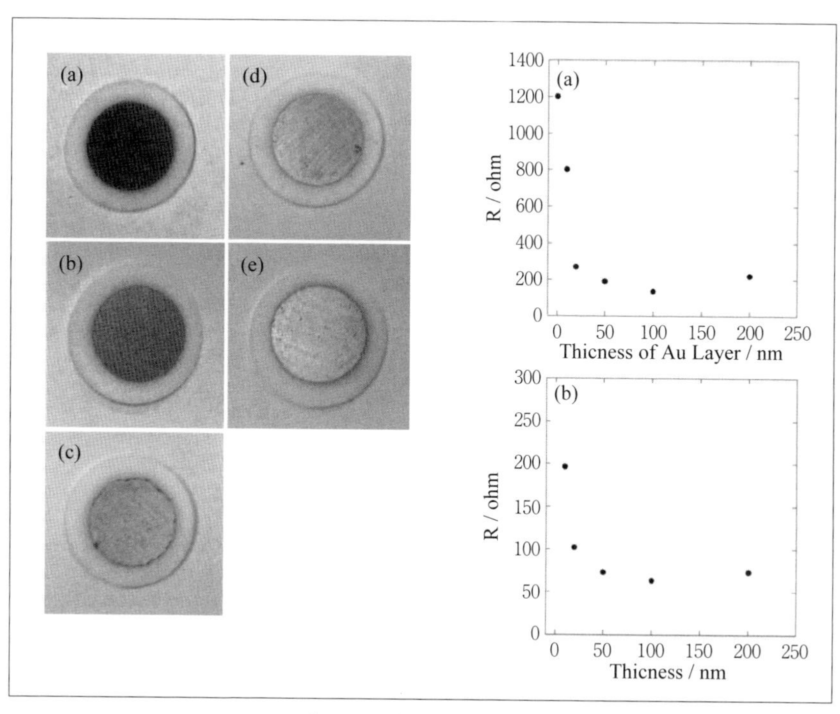

〔図 7-24〕金層の膜厚

どの正極活物質を用いる場合、本来なら負極サイドにリチウム金属は不要であるが、リチウム金属が存在している方がリチウム金属負極の溶解・析出が可逆であるために、最小限のリチウム金属負極を使用して電池の作製は行われる。固体電解質とリチウム金属負極の間にリチウム金属が析出し、それがまた溶解すると図 7-25 に示すようにセルの体積が変化する。この体積変化は電池の寿命に対してあまり良いことではない。可能な限り負極の体積変化を抑制する必要がある。この点を考慮して最近では負極の集電体の構造を図 7-26 のようにする試みがなされている。本来は平滑な銅の集電体であるが、集電体を図 7-26 のような多孔構造にすることでリチウム金属が析出する方向を正極側方向ではなく、その反対の方向にすることができる。図 7-27 には実際に析出したリチウム金属の電子顕微鏡写真を示す。これによりリチウム金属側の体積膨張・収縮により体積変化を限りなく小さくすることができる。また、このよ

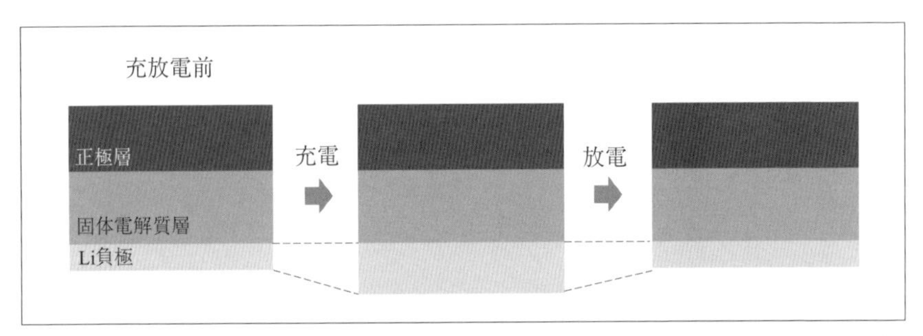

〔図 7-25〕固体電解質/リチウム金属界面で Li が溶解析出した際のセルの体積変化

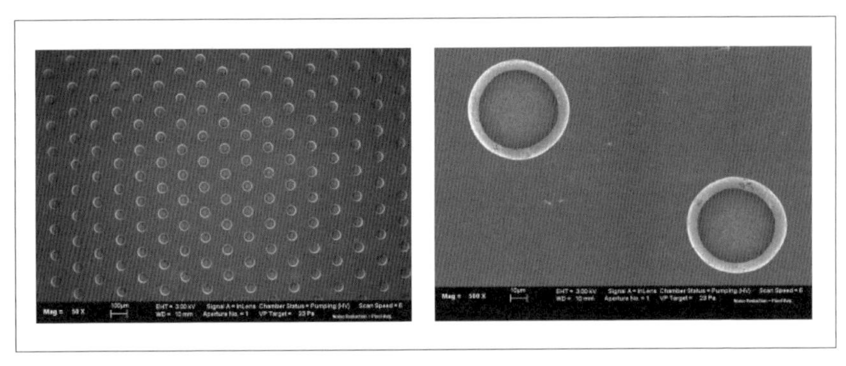

〔図 7-26〕多孔質集電体

〔図 7-27〕多孔質集電体を用いた際の Li 析出の様子

うにリチウム金属が溶解・析出すればリチウム金属による電池の内部短絡も防止できる。集電体の工夫も重要技術になっている。

7－2－4　セル

図7-28に焼結法で作製した$LiCoO_2/Li_3BO_3$- Li_2CO_3電極とリチウム金属を用いたセルの充放電曲線[37]を示す。酸化物系固体電解質を用いて比較的良好な特性が得られている。しかし、電流値は小さく正極層の改善が必要である。また、電解質層も500 μm程度ある場合が多く、50 μm以下の厚みの焼結された固体電解質膜が必要である。しかし、ここで問題となるのが機械的な強度である。これ以上薄い電解質膜をハンドリングすることは非常に難しい。また、大型電池ではそのサイズは10 cm角程度になると考えられ、とても電池を作製することは不可能である。

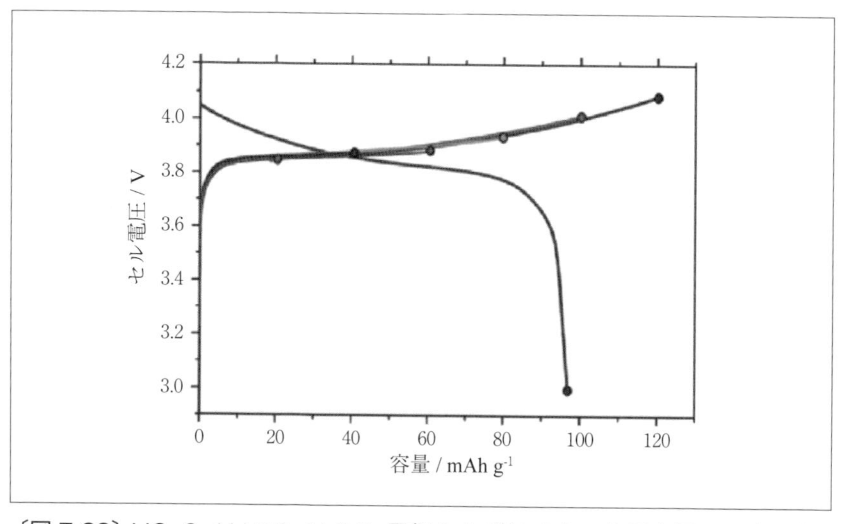

〔図7-28〕$LiCoO_2$/ Li_3BO_3-Li_2CO_3電極およびリチウム金属を用いた全固体電池の充放電曲線

小型で出力を要求しない応用ならセル作製は可能であるが大面積の全固体電池を酸化物系固体電解質で作製するには何らかの工夫が必要となる。

図7-29はエアロゾル析出法と焼結法を併用して作製した全固体電池の充放電曲線である。$LiCoO_2$正極あるいはNMC正極を用い、電極層の固体電解質としてLi_3BO_3を用いた電池である。充放電曲線は安定している。図7-30にこのセルのレート特性を示す。2C程度までは充放電

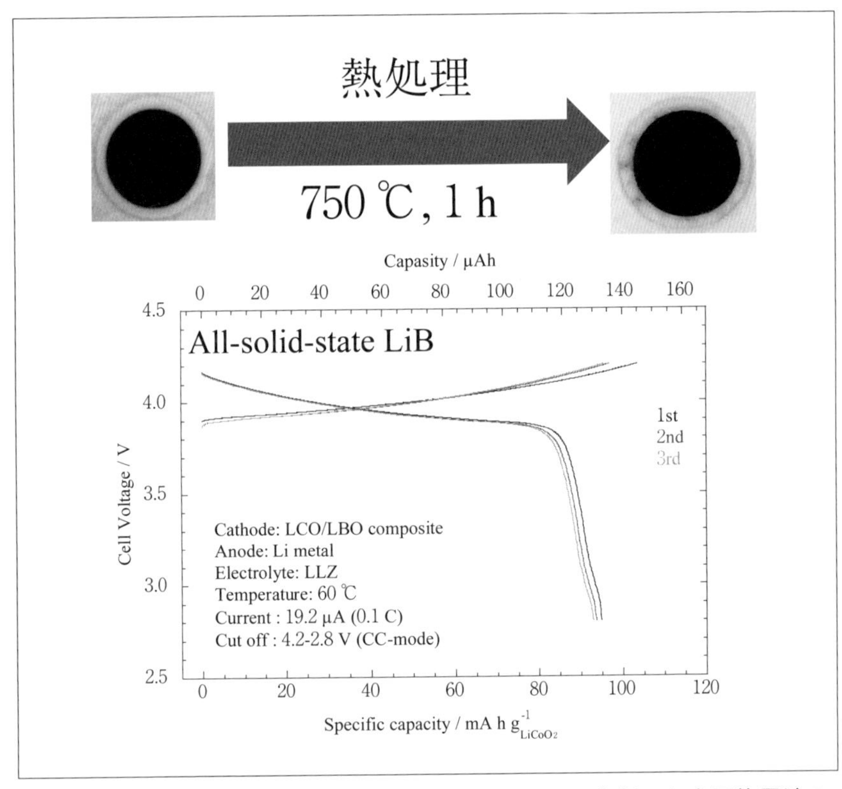

〔図7-29〕エアロゾル析出法および焼結法を併用して作製した全固体電池の充放電曲線

できることが分かる、また、図 7-31 に示すように 30 サイクル程度は安定に充放電できる。酸化物系固体電解質を用いて全固体電池が基本的に作製可能であることを示す結果である。また、NMC の中でも Ni 含有量の高い正極も固体電解質を用いれば安定に使用できる可能性もある。また、Li リッチ固溶体正極のように比較的高い充電電圧を必要とする正極などが使用可能になる。

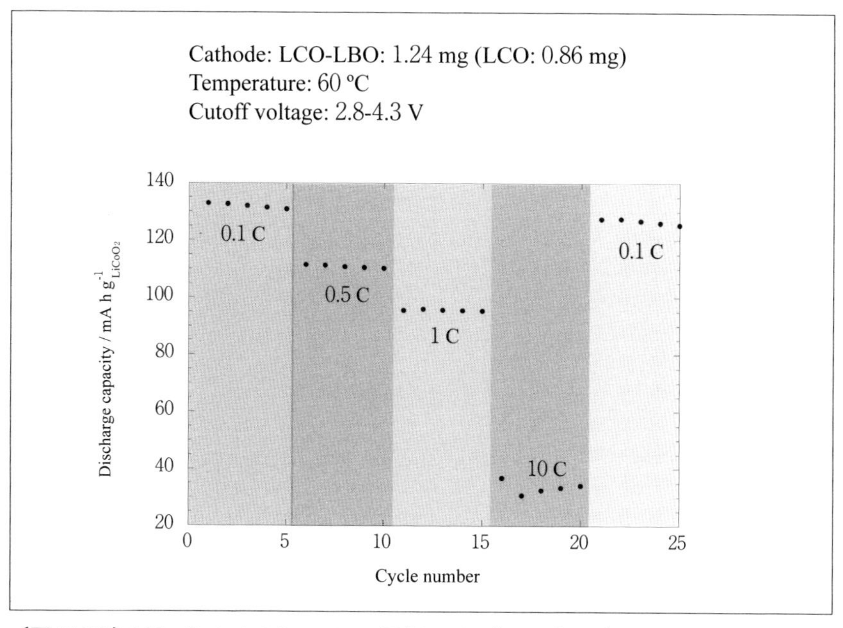

〔図 7-30〕 $LiCoO_2$/ $Li_3BO_3Li_2CO_3$ 電極およびリチウム金属を用いた全固体電池のレート特性

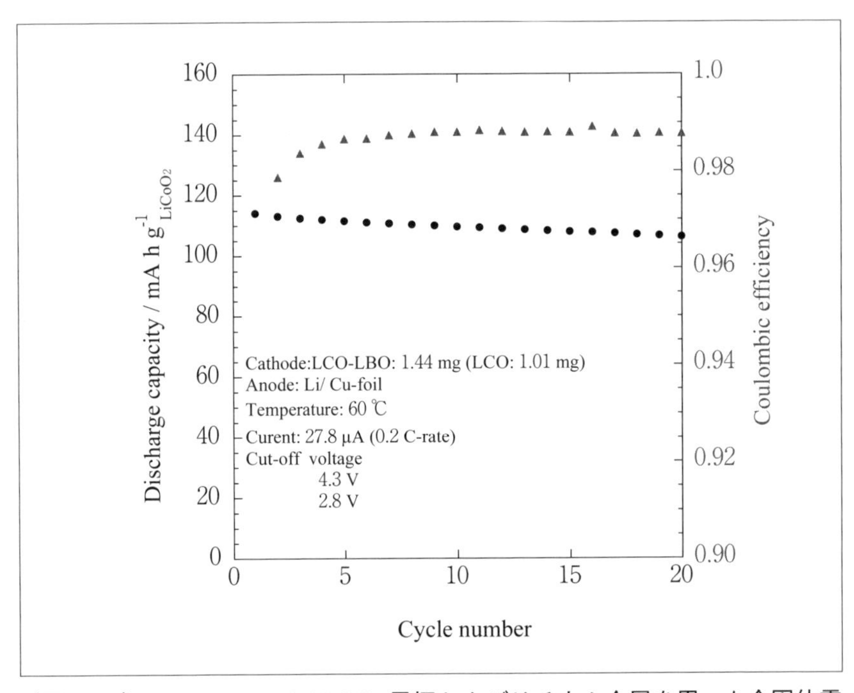

〔図 7-31〕$LiCoO_2$/ $Li_3BO_3Li_2CO_3$ 電極およびリチウム金属を用いた全固体電池のサイクル特性

７－３　コンポジット系固体電解質系電池

大型の電池の作製には電解質膜の機械的な強度が最大の問題点となる。大面積の固体電解質膜を作製するためには工夫が必要である。これまでに、高分子固体電解質をバインダーに使用した図 7-32 に示すようなマイクロ構造を有する大面積の固体電解質が提案されている。また、微量のイオン液体の添加も一つの方法である。重要なことは、LLZO などの酸化物系固体電解質を焼結しない点にある。以下、イオン液体と高分子バインダーを用いて作製した大面積の固体電解質膜を使用した電池の作製方法について記述する。

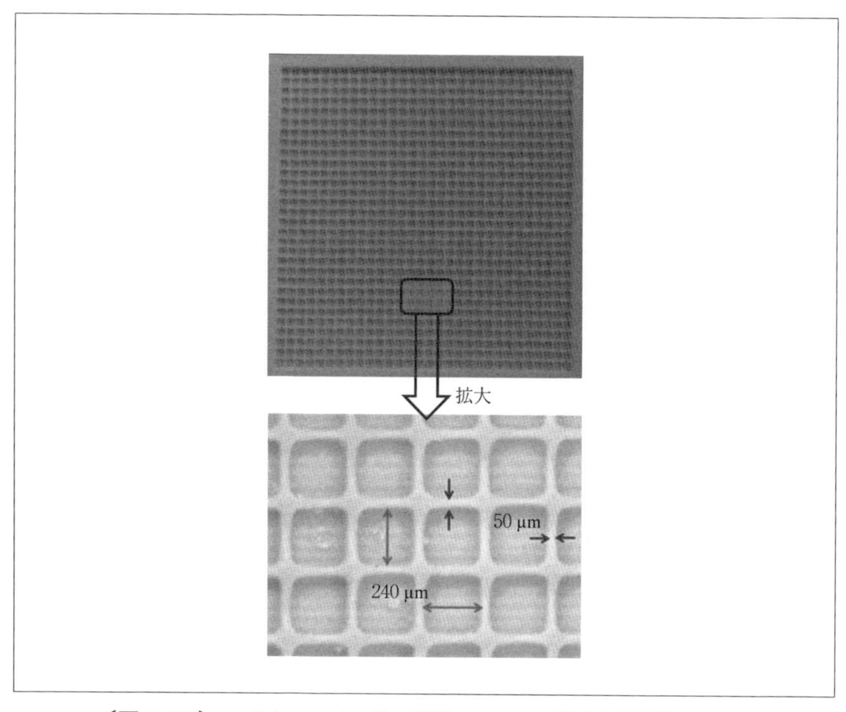

〔図 7-32〕マイクロエンボス構造の LLZO 固体電界質シート

7－3－1　正極層の形成

固体電解質部分に高分子バインダーとイオン液体を使用する場合、正極側にも同じような構成で電極層を作製する方が簡単である。正極活物質、バインダー、イオン液体を混合したスラリーを作製し、アルミニウム集電体箔上に塗布・乾燥し、プレス成型することで正極層の形成ができる。図7-33にこの過程を示す。イオン液体量やバインダーの種類に依存して充放電特性は異なる。図7-34に正極の断面構造を示す。使用する部材や作製プロセスに依存して電極内部のマイクロ構造が変化する。このマイクロ構造に依存して電極特性が異なる。そのため、最適化が必要である。図7-35に最適化した電極の充放電特性を示す。安定にサイクル

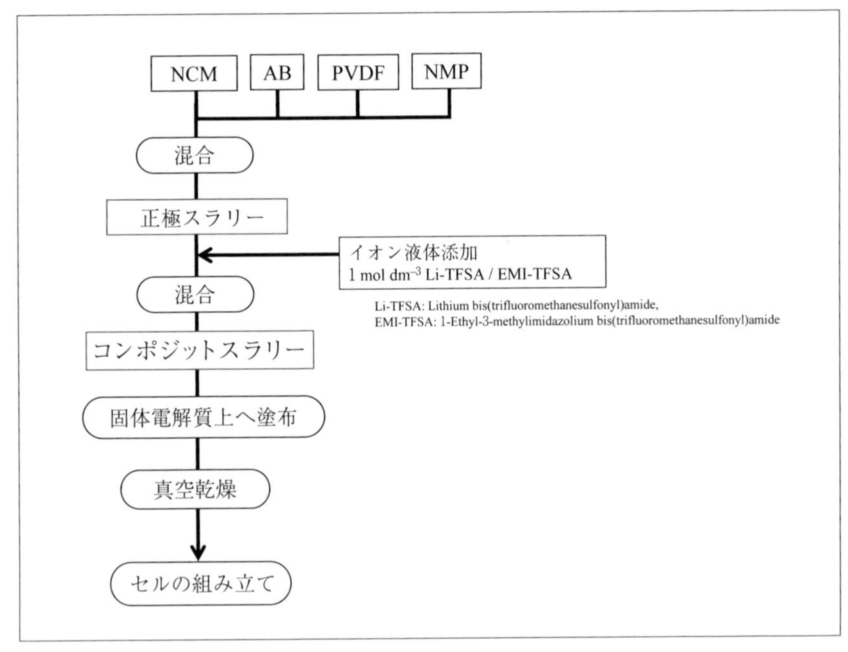

〔図7-33〕コンポジット正極の作製手順

することできており、正極として機能することが分かる。$LiCoO_2$やNMC正極を用いてコンポジット系の正極層を作製することができる。使用するイオン液体量はわずかであり、湿潤感は見られず、半固体状態

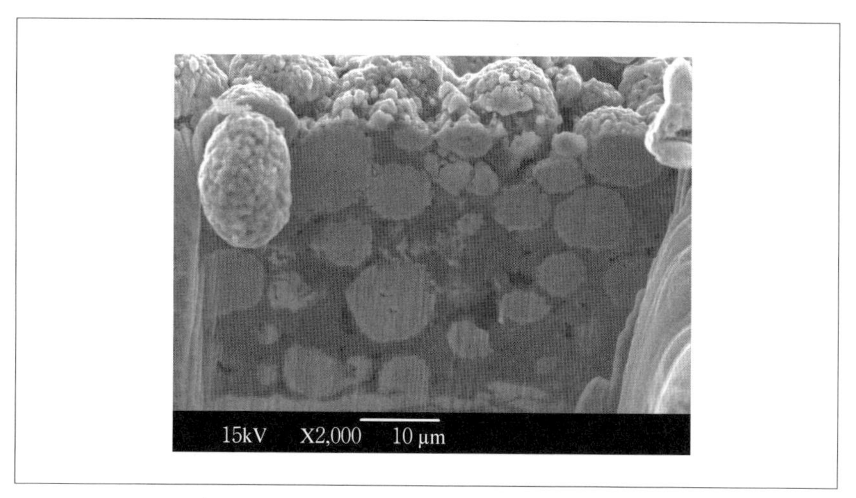

〔図7-34〕コンポジット正極の断面SEM像

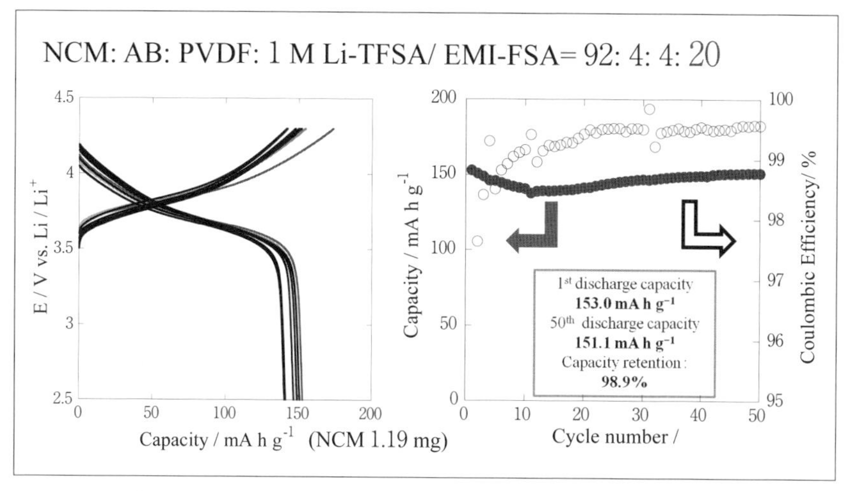

〔図7-35〕最適化されたコンポジット正極の充放電特性

の正極層になる。機械的な強度はバインダーのおかげで柔軟性のある状態で耐衝撃性および耐振動性において有利な電極層となっている。

7－3－2　電解質層の形成

固体電解質粉末とバインダーとイオン液体を使用して作製するコンポジット電解質は柔軟性があり十分な機械的な強度を有する。LLZO を固体電解質に使用して作製した LLZO コンポジット電解質膜の写真を図 7-36 に示す。フレキシブルな電解質シートが作製可能であり、実際の電池を作製する上で有利な電解質シートになっている。図 7-37 にこのフレキシブルシートの作製手順を示す。イオン液体と LLZO 粒子とバインダ

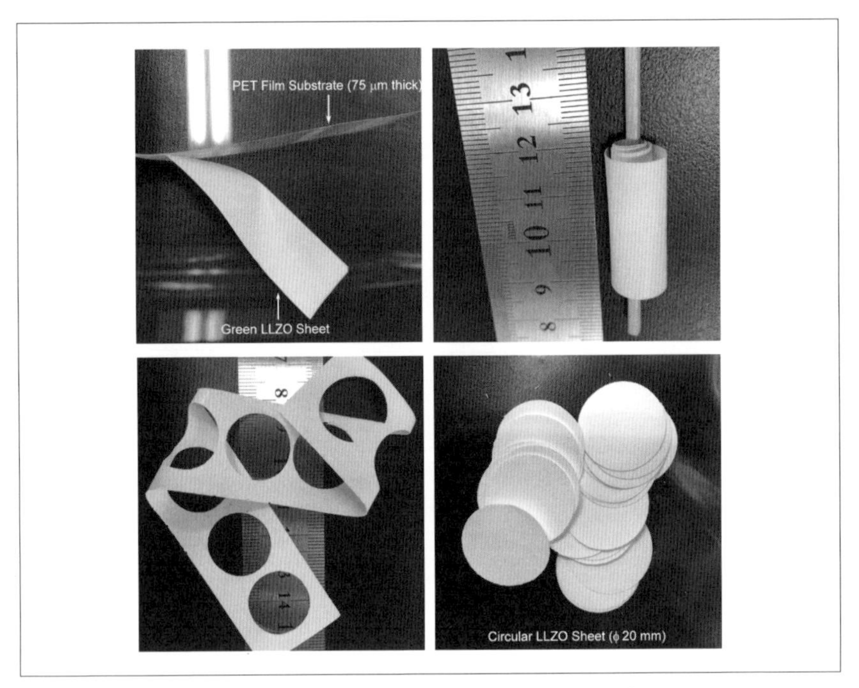

〔図 7-36〕LLZO コンポジット電解質膜

ーを混合してスラリーを作製し、ペットフィルム上に塗布・乾燥して膜を作製する。100 μm～40 μm 程度の厚みの電解質膜を作製することができる。膜を作製後、CIP により密度を向上させる必要がある。イオン伝導性はコンポジット電解質の密度に大きく依存する。最終的に作製条件を最適化したコンポジット電解質膜のイオン伝導性を評価した結果を図 7-38 に示す。この結果からコンポジット電解質の Li^{+} イオン伝導性は 10^{-4}～10^{-3} S cm^{-1} と見積もられる。LLZO 量とイオン液体の比で伝導度は異なるが、LLZO が多いほどイオン伝導性は高くなる傾向にある。図 7-39 にイオン伝導性の温度依存性を示す。イオン液体そのものと LLZO 固体電解質ペレットとコンポジット電解質のイオン伝導性の活性化エネルギーを比較するとコンポジット電解質において最も小さい活性

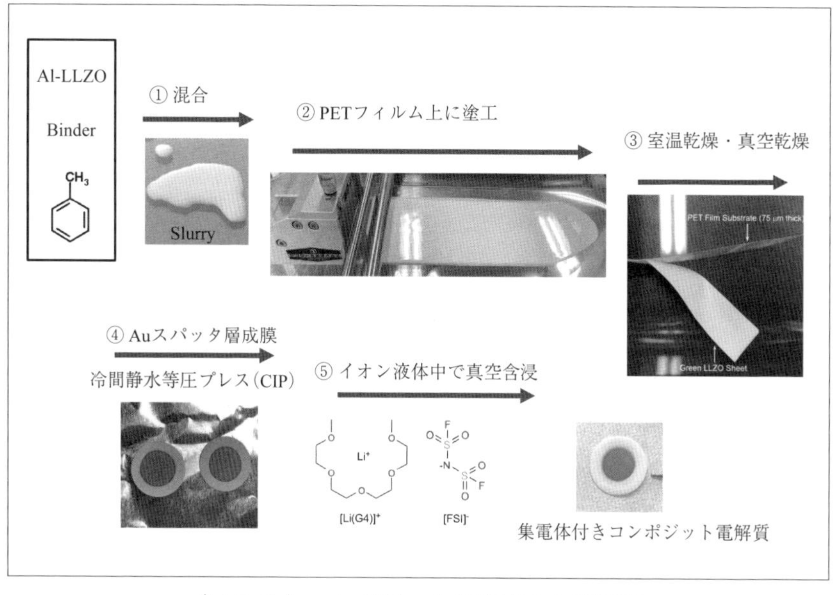

〔図 7-37〕コンポジット電解質の作製手順

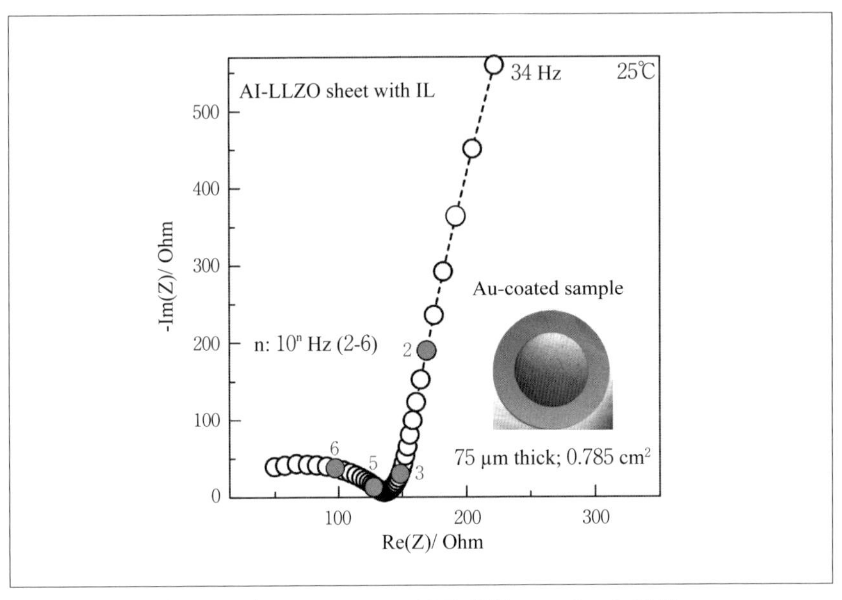

〔図 7-38〕コンポジット電解質膜のイオン伝導性

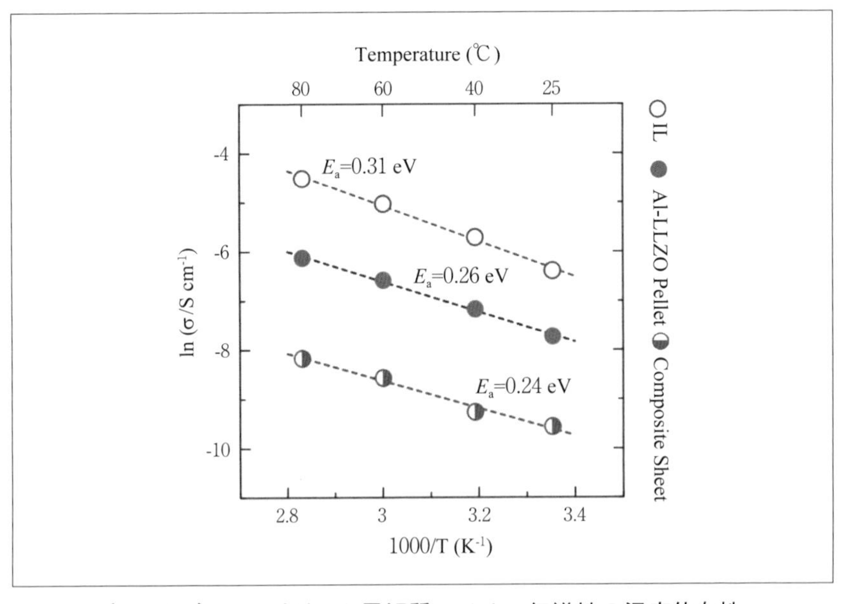

〔図 7-39〕コンポジット電解質のイオン伝導性の温度依存性

化エネルギーが得られている。この結果は、コンポジット電解質中に高速にイオン伝導することができる相が存在することを示している。

7－3－3　負極層の形成

負極にはリチウム金属を使用する。もちろん黒鉛などの負極も使用することができる。炭素系の粉体負極を使用する場合には正極と同じようにコンポジット負極で使用するのが好ましい。図 7-40 に炭素負極の充放電特性を示す。60 ℃で十分に作動する負極となっている。電池のエネルギー密度を考えるとリチウム金属負極の使用が好ましい。コンポジット電解質の両面にリチウム金属を設置してリチウムの溶解・析出を行った結果を図 7-41 に示す。低電流では溶解・析出が可逆に進行してい

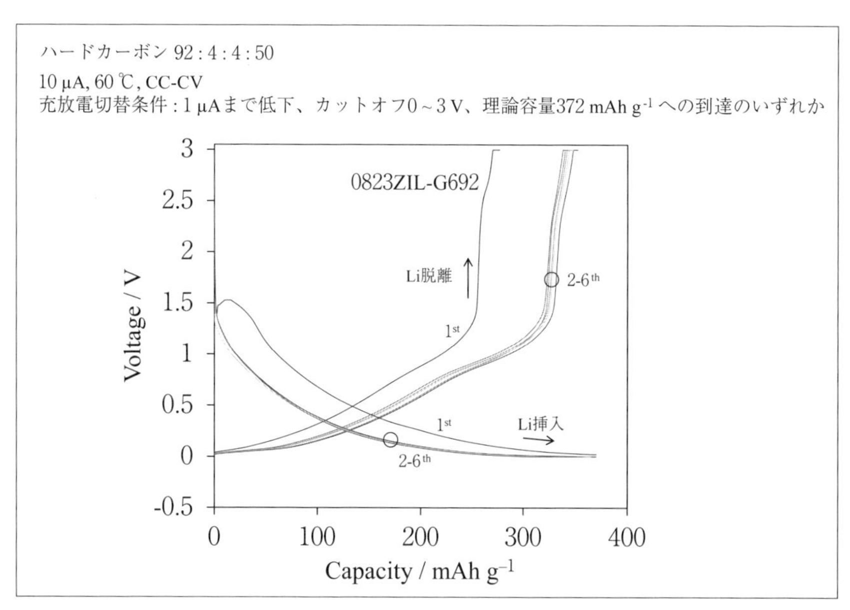

〔図 7-40〕コンポジット負極の充放電特性

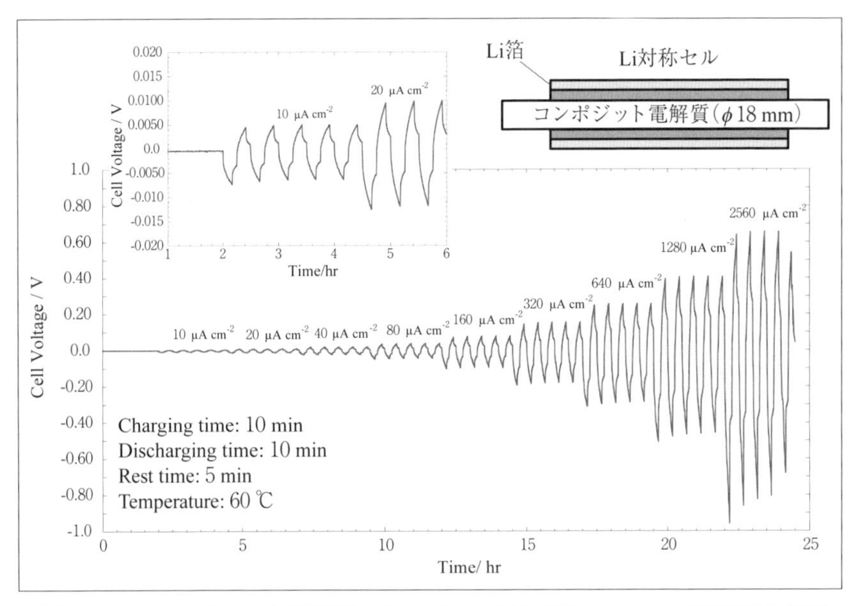

〔図 7-41〕コンポジット電解質を用いた Li 金属対称セルの Li 溶解析出挙動

るが、電流が大きくなると短絡現象が観察されている。LLZO 焼結ペレットと同じように短絡現象が見られる。コンポジット電解質を用いる場合にも短絡現象の解決が全固体電池作製のためには必須となっている。リチウム金属とコンポジット電解質を接触させる場合にも焼結したLLZO ペレットと同様に中間層が必要となる。この場合にも金層が有効である。図 7-42 に金を DC スパッタで形成したコンポジット固体電解質の写真を示す。この金層を介してリチウム金属をコンポジット固体電解質に接触させることで良好な界面形成ができる。

7－3－4　セル

図 7-43 にセルの構成を示す。正極シートと負極シートそして固体電

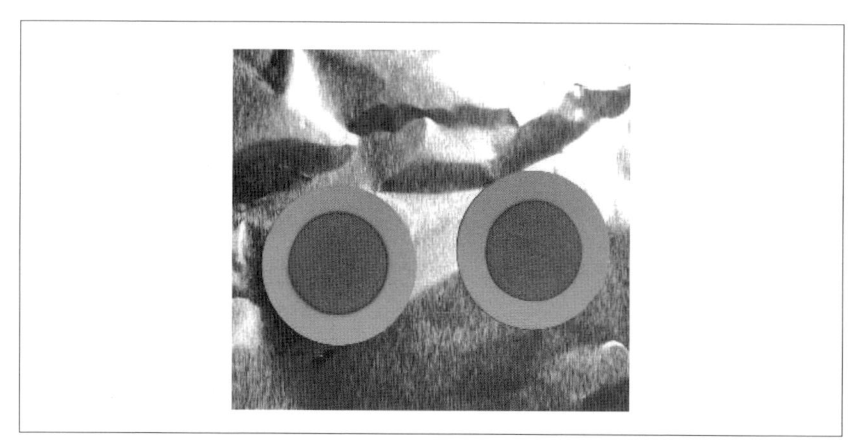

〔図 7-42〕スパッタリングで金を成膜したコンポジット電解質

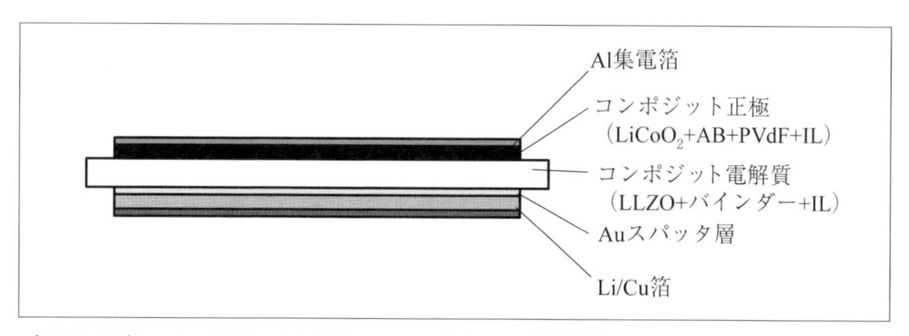

〔図 7-43〕コンポジット正極、コンポジット電解質、リチウム金属負極から成るセルの構成

解質シートを積層して電池が作製される。電解液などの注液工程はなく、重ねるだけで電池ができる。しかし、重ねるだけでは正極シートと固体電解質シートあるいは負極シートと固体電解質シートの接触は不十分である。セルをすべてくみ上げてからCIPをするなどの処置が必要である。また、電池の拘束圧も重要なパラメーターとなる。図 7-44 に 25 A h のセルの写真を示す。このセルでは数層の正極シート、負極シート、固体電解質シートが積層されている。構造はリチウムイオン電池と同じであ

る。固体電池の最大の特徴としてバイポーラセルが提案されている。バイポーラセルと通常のセルの違いを図 7-45 に示す。理論的にはどちらの構造も作製は可能であるが、バイポーラセルの場合、電極間の容量差がゼロでないと、一部の電極に負担がかかり電池がすぐに劣化する。図 7-44 のセルは電極を並列にして作製しており電圧は 4 V 程度である。体積当たりのエネルギー密度をリチウムイオン電池と比較すると 2 倍程

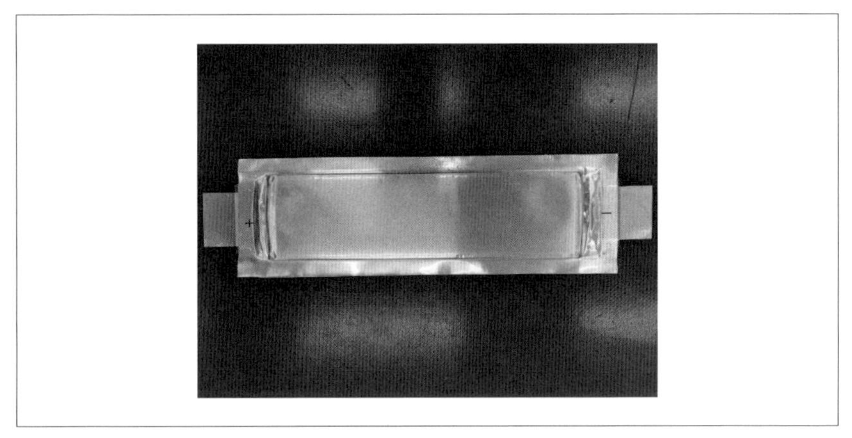

〔図 7-44〕 25 Ah セルの写真

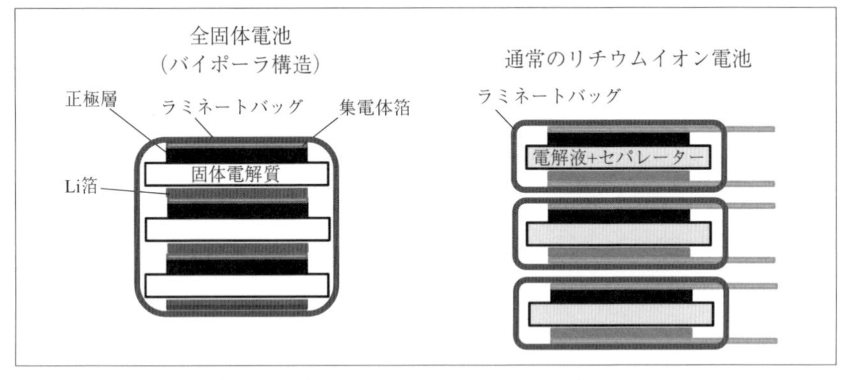

〔図 7-45〕 バイポーラーセルと通常セル

度のエネルギー密度になっている。リチウム金属負極を使用しているために、大きなエネルギー密度が実電池レベルで実現できている。図 7-46 には、このセルの充放電曲線を示す。0.1 C の充放電曲線で、ほぼ設計容量が得られている。この電池を 1 C で放電すると容量が大きく減少する。大きな電流値における充放電特性の改善が必要である。セルの抵抗を下げることが必要である。このセルの抵抗成分は主に、電解質シートの抵抗と正極層の抵抗である。これらの抵抗を下げるには、より良い固体電解質の開発と優れた電極作製技術が必要である。

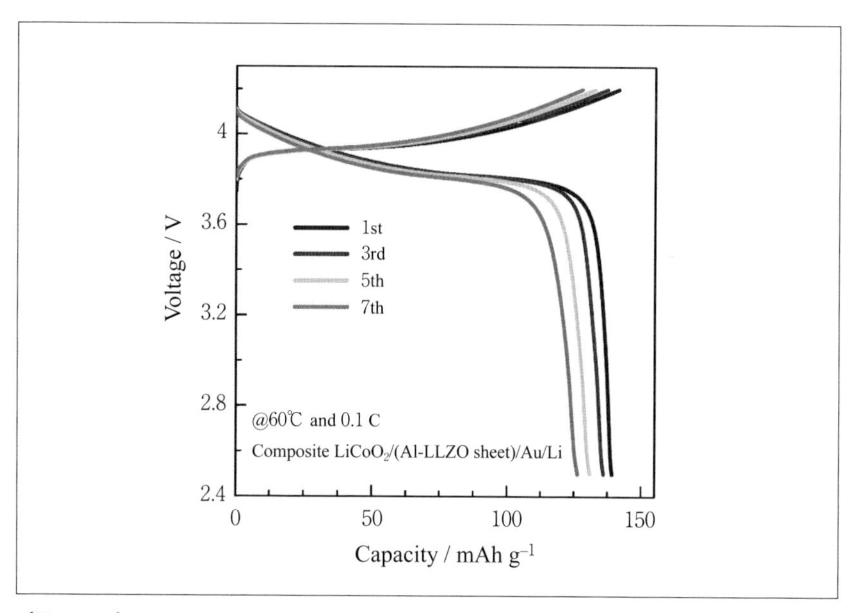

〔図 7-46〕コンポジット正極、コンポジット電解質を用いたフルセルの充放電挙動

8.

全固体電池の展望

全固体電池の作製は硫化物系固体電解質を中心に進展している。硫化物系固体電解質の特徴である柔らかさが大きな要因となり研究開発が進んでいる。一方、酸化物系の固体電解質の場合には硬い材料であるために電池の作製には工夫が必要であり、どのような作製方法が最も適合するのかは今後の課題である。硫化物系固体電解質を用いた全固体電池の作製方法に関しては大量生産を見据えて既に開発研究が開始されている。硫化物系の弱点である水分などとの反応性を含めてどのような環境下で電池作製を行うべきかを明らかにしていく必要がある。また、電極層の作製と全体の組み立てのプロセスの開発を行う必要がある。図 8-1 にリチウムイオン電池の工場の一般的なレイアウト [38-39] を示す。基本的にはこれに類似したプロセスになる。しかし、電池の作製プロセスではすべてが固い材料であるので、スタッキングする機械が必要である。このような装置が既に存在しているわけではなく、製造装置自身の開発

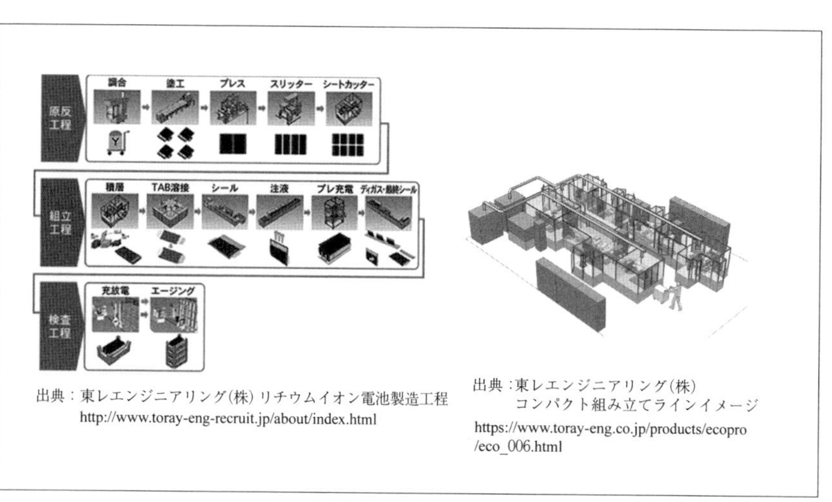

出典：東レエンジニアリング(株) リチウムイオン電池製造工程
http://www.toray-eng-recruit.jp/about/index.html

出典：東レエンジニアリング(株)
コンパクト組み立てラインイメージ
https://www.toray-eng.co.jp/products/ecopro/eco_006.html

〔図 8-1〕リチウムイオン電池工場のレイアウト

も同時に進める必要がある。また、プレス成型は必須の工程になることが予想され、どのような装置を実際に使用するのかなどを決めていかなければならない。まだまだ、大量生産には道のりがありそうだ。

9.
蓄電池の今後の展開

全固体電池に限らず革新電池の研究が積極的に進められている。より大きなエネルギー密度を有する電池は今後の環境・エネルギー分野においてますます重要になっていく。リチウム金属負極を用いた電池やマグネシウム金属負極を用いた電池の開発も進められる。いろいろな革新電池が研究されている。これらの革新電池の基本的な反応は古くから知られているものである。しかし、最近の材料研究の成果により、過去には作製できなかった電池でも新材料の開発によって実現できるようになりつつある。全固体電池もその点においては同じである。固体電解質のイオン伝導性はそれほど高くない、あるいは特殊な物質のみが高いと考えられてきた。しかし、固体電解質の研究者により新しい材料が見いだされ、電池を構成する上で十分なイオン伝導性を有する固体電解質を手に入れることができた。大きな発見と言える。固体電解質への期待が高まり、固体電池の実現に向けて大きな研究プロジェクトが進められるようになった。固体電池の研究が本格化して10年弱の年月で硫化物系固体電解質を用いた電池は実用セルの作製に研究は進展しているし、酸化物系固体電解質を用いた電池は、とても室温で作動するとは思われなかったものが、今や室温で作動するのは当然で、大きな電流を取り出すにはどうすればいいのかが課題となっている。革新電池の中でも開発が最も進んでいるこの電池の具現化はそれほど遠くではないであろう。

参考文献

[1] Yukio SASAKI, Electrochemistry, 76 (2008) 1-15.

[2] Travis Thompson, Seungho Yu, Logan Williams, Robert D. Schmidt, Regina Garcia-Mendez, Jeff Wolfenstine, Jan L. Allen, Emmanouil Kioupakis, Donald J. Siegel and Jeff Sakamoto, ACS Energy Lett., 2 (2017) 462-468. (Supporting Information)

[3] J. Li, C. Ma, M. Chi, C. Liang, N. J. Dudney, Adv. Energy Mater., 5 (2015) 1401408.

[4] https://www.cbsnews.com/news/ntsb-tesla-battery-fire-investigation/.

[5] 三菱製紙株式会社 NanoBaseX, http://www.k-mpm.com/bs/nbx.php.

[6] ウェストグループホールディングス 施工実績 岩手県一関市（2012年 8 月完工）, https://www.west-gr.co.jp/case/1999/.

[7] https://www.spglobal.com/marketintelligence/en/news-insights/latest-news-headlines/51900636.

[8] 一般社団法人海外電力調査会 , 人口 1 人当たり CO_2 排出量と発電量 1kWh 当たり CO_2 排出量 (2015 年). https://www.jepic.or.jp/data/g08.html.

[9] D. Larcher, J-M. Tarascon, Nat. Chem., 7, 19-29 (2015).

[10] 国土交通省 , 乗用車の燃費 , CO_2 排出量 , http://www.mlit.go.jp/common/001031308.pdf.

[11] Y. Saiki, M. Nakazawa, J. Japan Soc. Air Pollut. 25(4), 287-293 (1990).

[12] 一般社団法人 海外電力調査会 (JEPEC), 人口 1 人当たり CO_2 排出量と発電量 1 kWh 当たり CO_2 排出量 ,https://www.jepic.or.jp/data/g08.html

[13] 日本原子力エネルギー財団 , 各種電源別のライフサイクル CO_2 排出量 , https://www.ene100.jp/zumen/2-1-9.

[14] 国立環境研究所 , 夏の大公開 (2010 年 7 月 24 日 つくば), https://www.nies.go.jp/social/traffic/pdf/7-3.pdf.

[15] 日産自動車 , https://www3.nissan.co.jp/vehicles/new/leaf/charge/battery.html.

[16] M. Nagasaki, K. Nishikawa, K. Kanamura, J. Electrochem. Soc., 166 (2019) A2618-A2628.

[17] B. Wang, J. B. Bates, F. X. Hart, B. C. Sales, R. A. Zuhr, J. D. Robertson, J. Electrochem. Soc., 143 (1996) 3203-3213.

[18] M. Otoyama, Y. Ito, A. Hayashi, M.Tatsumisago, J. Power Sources, 302 (2016) 425-425.

[19] A. Sakuda, A. Hayashi, M.Tatsumisago, Current Opinion in Electrochemistry, 6 (2017) 108-114.

[20] K. Liu, R. Zhang, M. Wu, H. Jiang, T. Zhao, J. Power Sources, 433 (2019) 226691.

[21] 高田和典 , 菅野了次 , 鈴木耕太 , 全固体電池入門 , 日刊工業新聞社 (2019) p. 41.

[22] Y. Kato, S. Hori, T. Saito, K. Suzuki, M. Hirayama, A. Mitsui, M. Yonemura, H. Iba, R. Kanno, Nature Energy, 1 (2016) 16030.

[23] T. Hakari, M. Nagao, A. Hayashi, M.Tatsumisago, Solid State Ion., 262 (2014) 147-150.

[24] Yu Zhao, Yu Ding, Yutao Li, Lele Peng, Hye Ryung Byon, John B. Goodenough and Guihua Yu, Chem. Soc. Rev., 44 (2015) 7968.

[25] Eric Jianfeng Cheng, Asma Sharafi, Jeff Sakamoto, Electrochim. Acta, 223 (2017) 85-91.

[26] J. Wakasugi, H. Munakata, K. Kanamura, Solid State Ion., 309 (2017) 9-14.

[27] Lei Cheng, Ethan J. Crumlin, Wei Chen, Ruimin Qiao, Huaming Hou, Simon Franz Lux, Vassilia Zorba, Richard Russo, Robert Kostecki, Zhi Liu, Kristin Persson, Wanli Yang, Jordi Cabana, Thomas Richardson, Guoying Chen, and Marca Doeff, Physical Chemistry Chemical Physics, 1(2013)1-100.

[28] ㈱パウレック　複合型流動層 微粒子コーティング・造粒装置. https://www.powrex.co.jp/sfp.

[29] H. Nakamura, T. Kawaguchi, T. Masuyama, A. Sakuda, T. Saito, K. Kuratani, S. Ohsaki, S. Watano, J. Power Sources, 448 (2020) 227579.

[30] 辰巳砂 昌弘, The TRC News, 無機固体電解質を用いた全固体リチウム二次電池の開発 (2018). https://www.toray-research.co.jp/technical-info/trcnews/pdf/201806-01.pdf.

[31] Qiang Zhang, Ning Huang, Zhen Huang, Liangting Cai, Jinghua Wu, Xiayin Yao, Journal of Energy Chemistry, 40 (2020) 151-155.

[32] Jung Kyoo Lee, Changil Oh, Nahyeon Kim, Jang-Yeon Hwangb and Yang-Kook Sun, J. Mater. Chem. A, 4 (2016) 5366.

[33] Motoshi Suyama, Atsutaka Kato, Atsushi Sakuda, Akitoshi Hayashi ,Masahiro Tatsumisago, Electrochim. Acta, 286 (2018) 158-162.

[34] Jungo Wakasugi, Hirokazu Munakata, and Kiyoshi Kanamura, The Electrochemical. Society of Japan, 85(2) (2017) 77-81.

[35] Jungo Wakasugi, Hirokazu Munakata, and Kiyoshi Kanamura, J. Electrochem. Soc., 164 (6) (2017) A1022-1025.

[36] Asma Sharafi, Harry M. Meyer, Jagjit Nanda, Jeff Wolfenstine, Jeff Sakamoto, J. Power Sources, 302 (2016) 135-139.

[37] Toyoki Okumura, Tomonari Takeuchi, Hironori Kobayashi, Solid State Ionics, 288 (2016) 248-252.

[38] 東レエンジニアリング㈱ リチウムイオン電池製造工程 , http://www.toray-eng-recruit.jp/about/index.html.

[39] 東レエンジニアリング㈱ コンパクト組み立てラインイメージ , https://www.toray-eng.co.jp/products/ecopro/eco_006.html.

索引

て

と

な

に

は

ひ

ふ

ほ

ま

め

も

り

A

D

H

I

L

S

■ 著者紹介 ■

金村 聖志（かなむら きよし）
東京都立大学大学院都市環境科学研究科環境応用化学域　教授

1980年　3月　京都大学工学部工業化学科　卒業
1987年　1月　京都大学工学博士　取得
1995年　3月　京都大学大学院工学研究科
　　　　　　　物質エネルギー化学専攻　助教授
2002年　4月　東京都立大学大学院工学研究科
　　　　　　　応用化学専攻　教授
2010年　4月　首都大学東京大学院都市環境科学研究科
　　　　　　　都市環境科学環　分子応用化学域　教授

2018年　4月　首都大学東京大学院都市環境科学研究科
　　　　　　　都市環境科学専攻　環境応用化学域　教授

専門分野：セラミックス化学、電気化学、エネルギー化学

日本化学会、電気化学会、化学工学会、セラミックス協会、無機マテリアル学会、無機リン化学会

過去40年近くに渡り電気化学主にエネルギー変換デバイスに関する研究を中心に展開してきた。鉛蓄電池の反応機構で学位を取得して以降、リチウム一次電池、リチウム二次電池、リチウムイオン電池、固体酸化物形燃料電池、高分子固体電解質形燃料電池に関する研究を行った。その後、リチウムイオン電池を超える新型の電池に関する研究に従事してきた。特に、JSTのCRESTプロジェクトで開始した全固体電池に関する研究を実施し、その成果をさらにJSTのALCA-SPRINGにおいて展開している。本書は10年以上に渡る全固体電池に関する研究において培ったいろいろな知識と経験を基にして執筆している。もちろん、研究チームの中で議論することで得られた多くの情報も本書を作成する上で重要である。全固体電池に関係する先生方に感謝する。本書では、全固体電池の特徴とその具体的な作製方法について記述した。製造技術とまではいかないが、それに近い内容を著者の知りうる範囲で記載したつもりである。

●ISBN 978-4-904774-86-1

芝浦工業大学　前多 正　著

設計技術シリーズ

RF集積回路の設計法

—5G時代の高周波技術—

本体 4,500 円＋税

発行／科学情報出版（株）

●ISBN 978-4-904774-82-3

大阪府立大学　森本 茂雄／井上 征則　著

設計技術シリーズ

省エネモータドライブシステムの基礎と設計法

本体 4,200 円＋税

発行／科学情報出版（株）

●ISBN 978-4-904774-67-0

九州工業大学　宮崎 康次　著

設計技術シリーズ

熱電発電技術と設計法

ー小型化・高効率化の実現ー

本体 4,200 円＋税

第1章　熱電変換の基礎

1－1　熱電特性
1－2　熱電発電のサイズ効果
1－3　ペルチェ冷却
1－4　ハーマン法
1－5　まとめ

第2章　熱工学の基礎

2－1　熱エネルギー
2－2　熱輸送の形態
2－3　フーリエの法則
2－4　熱伝導方程式
2－5　熱抵抗モデル
2－6　対流熱伝達
2－7　次元解析
2－8　ふく射伝熱

第3章　熱流体数値計算の初歩

3－1　熱伝導数値シミュレーション
3－2　陽解法、陰解法
3－3　壁面近傍における層流の強制対流熱伝達計算

第4章　熱電モジュールの計算

4－1　熱電発電の効率計算
4－2　p型、n型素子の最適断面積
4－3　In-plane型熱電発電モジュール

第5章　熱電発電計算例

5－1　In-plane型薄膜熱電モジュール
5－2　積層薄膜型熱電モジュール
5－3　熱電薄膜モジュールにおけるふく射熱輸送の影響
5－4　熱電モジュール形状

第6章　追補

発行／科学情報出版（株）

●ISBN 978-4-904774-72-4

茨城大学 非常勤講師　正木 良三　著

設計技術シリーズ

自律走行ロボットの制御技術

ーモータ制御からSLAM技術までー

本体 4,200 円＋税

発行／科学情報出版（株）

●ISBN 978-4-904774-89-2

芝浦工業大学　伊東 敏夫　著

設計技術シリーズ

自動運転のための
LiDAR技術の原理と活用法

本体 4,500 円＋税

発行／科学情報出版（株）

●ISBN 978-4-904774-84-7

九州工業大学　安部 征哉
㈱オムロン　財津 俊行・上松 武　著

設計技術シリーズ

デジタル電源の基礎と設計法

―スイッチング電源のデジタル制御―

本体 4,000 円＋税

発行／科学情報出版（株）

エンジニア入門シリーズ
ー次世代リチウムイオン電池ー
全固体電池の入門書

2020年8月29日　初版発行

著　者　　金村　聖志　　©2020

発行者　　松塚　晃医
発行所　　科学情報出版株式会社
〒300-2622　茨城県つくば市要443-14 研究学園
電話　029-877-0022
http://www.it-book.co.jp/

ISBN 978-4-904774-87-8　C2054